Intelligente Technische Systeme – Lösungen aus dem Spitzencluster it's OWL

Reihe herausgegeben von
it's OWL Clustermanagement GmbH
Paderborn, Deutschland

Im Technologie-Netzwerk Intelligente Technische Systeme OstWestfalenLippe (kurz: it's OWL) haben sich rund 200 Unternehmen, Hochschulen, Forschungseinrichtungen und Organisationen zusammengeschlossen, um gemeinsam den Innovationssprung von der Mechatronik zu intelligenten technischen Systemen zu gestalten. Gemeinsam entwickeln sie Ansätze und Technologien für intelligente Produkte und Produktionsverfahren, Smart Services und die Arbeitswelt der Zukunft. Das Spektrum reicht dabei von Automatisierungs- und Antriebslösungen über Maschinen, Fahrzeuge, Automaten und Hausgeräte bis zu vernetzten Produktionsanlagen und Plattformen. Dadurch entsteht eine einzigartige Technologieplattform, mit der Unternehmen die Zuverlässigkeit, Ressourceneffizienz und Benutzungsfreundlichkeit ihrer Produkte und Produktionssysteme steigern und Potenziale der digitalen Transformation erschließen können.

In the technology network Intelligent Technical Systems OstWestfalenLippe (short: it's OWL) around 200 companies, universities, research institutions and organisations have joined forces to jointly shape the innovative leap from mechatronics to intelligent technical systems. Together they develop approaches and technologies for intelligent products and production processes, smart services and the working world of the future. The spectrum ranges from automation and drive solutions to machines, vehicles, automats and household appliances to networked production plants and platforms. This creates a unique technology platform that enables companies to increase the reliability, resource efficiency and user-friendliness of their products and production systems and tap the potential of digital transformation.

Weitere Bände in dieser Reihe: http://www.springer.com/series/15146

Christoph Plass

Hrsg.

Prävention gegen Produktpiraterie

Innovationen schützen

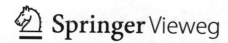 Springer Vieweg

Hrsg.
Christoph Plass
UNITY AG
Büren, Deutschland

ISSN 2523-3637 ISSN 2523-3645 (electronic)
Intelligente Technische Systeme – Lösungen aus dem Spitzencluster it's OWL
ISBN 978-3-662-58015-8 ISBN 978-3-662-58016-5 (eBook)
https://doi.org/10.1007/978-3-662-58016-5

Die Deutsche Nationalbibliothek verzeichnet diese Publikation in der Deutschen Nationalbibliografie; detaillierte
bibliografische Daten sind im Internet über http://dnb.d-nb.de abrufbar.

Springer Vieweg ist ein Imprint der eingetragenen Gesellschaft Springer-Verlag GmbH, DE und ist ein Teil von
Springer Nature.
Die Anschrift der Gesellschaft ist: Heidelberger Platz 3, 14197 Berlin, Germany

Vorwort des Projektkoordinators

Zukünftige technische Systeme werden mehr denn je durch Software und autonome Fähigkeiten geprägt sein. Sie werden sich an wechselnde Umgebungsbedingungen anpassen, sie werden kommunizieren und ihr Verhalten kontinuierlich optimieren. Der Spitzencluster it's OWL nennt dies „Intelligente Technische Systeme". Die Entwicklung solcher Systeme ist anspruchsvoll und erfordert ein hohes Maß an technischem und methodischem Know-how. Der Wirtschaftsstandort Deutschland bringt beides gleichermaßen mit und ist auf dem besten Wege, sich einen Innovationsvorsprung auf dem Gebiet der Intelligenten Technischen Systeme zu erarbeiten.

Genau hier beginnt die Geschichte des Projekts „itsowl **3P** – **P**rävention gegen **Pro**dukt**p**iraterie". Immer dann, wenn innovative Lösungen am Markt hervorstechen und hochattraktiv für Käufer sind, ziehen sie auch Plagiatoren an. Sie kopieren die Lösungen so gut wie möglich, bringen sie zu einem niedrigeren Preis auf den Markt und täuschen die Kunden in der Regel über die Urheberschaft und die Qualität des Erzeugnisses. Das erfolgt zulasten des Unternehmens, das seine F&E Leistung investiert hat und seinen Ruf mit einem hochwertigen Produkt verbindet. Intelligente Technische Systeme werden sicher auch das Interesse von Plagiatoren wecken. Deshalb haben die Hochschulen und Unternehmen im Spitzencluster it's OWL bereits zu Beginn der ersten Förderperiode eine Nachhaltigkeitsmaßnahme initiiert, die sich mit dem Schutz von Know-how befasst: **3P**. Das Projekt sollte ein Instrumentarium erarbeiten, mit dem Unternehmen ihre Bedrohungslage analysieren und wirksame Schutzkonzeptionen ableiten können.

Das Konsortium bestand aus mehreren Partnern mit komplementärem Know-how. Das Fraunhofer IEM und das Heinz Nixdorf Institut der Universität Paderborn bringen das Technologiewissen um Intelligente Technische Systeme und präventiven Produktschutz aus einschlägigen Projekten ein. Das DMRC verfügt mit Verfahren der additiven Fertigung über einen Fundus an innovativen technischen Lösungen, die den Aufbau von Produkten fast nicht mehr kopierbar macht. Und die UNITY AG bringt als Management Beratung das Wissen um Prozesse und Entscheidungsstrukturen in Unternehmen ein, die beim Thema Produktschutz in Ergänzung zu konstruktiven und kennzeichnenden Maßnahmen greifen müssen. Die Zusammenarbeit im Projektteam war von großer Offenheit,

Partnerschaftlichkeit und einem hohen Einsatz geprägt. Nur so können praxisgerechte Ergebnisse entstehen und vertrauensvoll weiterentwickelt werden.

Wir wurden bei der Bearbeitung von vielen Unternehmen des Spitzenclusters unterstützt, indem Beispiele beigetragen oder methodische Ansätze erprobt wurden. Die Begleitung durch den Projektträger haben wir immer als sehr konstruktiv und unterstützend empfunden. Unseren Dank richten wir an Frau Christiane Peters, die das Erscheinen dieses Buchs leider nicht mehr erlebt hat, und Herrn Dr. Alexander Lucumi.

Christoph Plass
Vorstand der UNITY AG
Konsortialführer des Verbundprojekts it's OWL 3P

Vorwort des Projektträgers

Unter dem Motto „Deutschlands Spitzencluster – Mehr Innovation. Mehr Wachstum. Mehr Beschäftigung" startete das Bundesministerium für Bildung und Forschung (BMBF) 2007 den Spitzencluster-Wettbewerb. Ziel des Wettbewerbs war, die leistungsfähigsten Cluster auf dem Weg in die internationale Spitzengruppe zu unterstützen. Durch die Förderung der strategischen Weiterentwicklung exzellenter Cluster soll die Umsetzung regionaler Innovationspotenziale in dauerhafte Wertschöpfung gestärkt werden.

In den Spitzenclustern arbeiten Wissenschaft und Wirtschaft eng zusammen, um Forschungsergebnisse möglichst schnell in die Praxis umzusetzen. Die Cluster leisten damit einen wichtigen Beitrag zur Forschungs- und Innovationsstrategie der Bundesregierung. Dadurch sollen Wachstum und Arbeitsplätze gesichert bzw. geschaffen und der Innovationsstandort Deutschland attraktiver gemacht werden.

Bis 2012 wurden in drei Runden 15 Spitzencluster ausgewählt, die jeweils über fünf Jahre mit bis zu 40 Mio. Euro gefördert werden. Der Cluster Intelligente Technische Systeme OstWestfalenLippe – kurz it's OWL wurde in der dritten Wettbewerbsrunde im Januar 2012 als Spitzencluster ausgezeichnet. Seitdem hat sich der Spitzencluster it's OWL zum Ziel gesetzt, die intelligenten technischen Systeme der Zukunft zu entwickeln. Gemeint sind hier Produkte und Prozesse, die sich der Umgebung und den Wünschen der Benutzer anpassen, Ressourcen sparen sowie intuitiv zu bedienen und verlässlich sind. Für die Unternehmen des Maschinenbaus, der Elektro- und Energietechnik sowie für die Elektronik- und Automobilzulieferindustrie können die intelligenten technischen Systeme den Schlüssel zu den Märkten von morgen darstellen.

Auf einer starken Basis im Bereich mechatronischer Systeme beabsichtigt it's OWL, im Zusammenspiel von Informatik und Ingenieurwissenschaften den Sprung zu Intelligenten Technischen Systemen zu realisieren. It's OWL sieht sich folglich als Wegbereiter für die Evolution der Zusammenarbeit beider Disziplinen hin zur sogenannten vierten industriellen Revolution oder Industrie 4.0. Durch die Teilnahme an it's OWL stärken die Unternehmen ihre Wettbewerbsfähigkeit und bauen ihre Spitzenposition auf den internationalen Märkten aus. Der Cluster leistet ebenfalls wichtige Beiträge zur Erhöhung der Attraktivität der Region Ostwestfalen-Lippe für Fach- und Führungskräfte sowie zur nachhaltigen Sicherung von Wertschöpfung und Beschäftigung.

Mehr als 180 Clusterpartner – Unternehmen, Hochschulen, Kompetenzzentren, Brancheninitiativen und wirtschaftsnahe Organisationen – arbeiten in 47 Projekten mit einem Gesamtvolumen von ca. 90 Mio. Euro zusammen, um intelligente Produkte und Produktionssysteme zu erarbeiten. Das Spektrum reicht von Automatisierungs- und Antriebslösungen über Maschinen, Automaten, Fahrzeuge und Haushaltsgeräte bis zu vernetzten Produktionsanlagen und Smart Grids. Die gesamte Clusterstrategie wird durch Projekte operationalisiert. Drei Projekttypen wurden definiert: Querschnitts- und Innovationsprojekte sowie Nachhaltigkeitsmaßnahmen. Grundlagenorientierte Querschnittsprojekte schaffen eine Technologieplattform für die Entwicklung von intelligenten technischen Systemen und stellen diese für den Einsatz in Innovationsprojekten, für den Know-how-Transfer im Spitzencluster und darüber hinaus zur Verfügung. Innovationsprojekte bringen Unternehmen in Kooperation mit Forschungseinrichtungen zusammen zur Entwicklung neuer Produkte und Technologien, sei als Teilsysteme, Systeme oder vernetzte Systeme, in den drei globalen Zielmärkten Maschinenbau, Fahrzeugtechnik und Energietechnik. Nachhaltigkeitsmaßnahmen erzeugen Entwicklungsdynamik über den Förderzeitraum hinaus und sichern Wettbewerbsfähigkeit.

Interdisziplinäre Projekte mit ausgeprägtem Demonstrationscharakter haben sich als wertvolles Element in der Clusterstrategie erwiesen, um Innovationen im Bereich der intelligenten technischen Systeme produktionsnah und nachhaltig voranzutreiben. Die ersten Früchte der engagierten Zusammenarbeit werden im vorliegenden Bericht der breiten Öffentlichkeit als Beitrag zur Erhöhung der Breitenwirksamkeit vorgestellt.

Unser besonderer Dank gilt an dieser Stelle Frau Christiane Peters, die das Projekt nach Kräften über die Laufzeit engagiert begleitet und betreut hat. Den Partnern wünschen wir viel Erfolg bei der Konsolidierung der zahlreichen Verwertungsmöglichkeiten für die im Projekt erzielten Ergebnisse sowie eine weiterhin erfolgreiche Zusammenarbeit in it's OWL.

Projektträger Karlsruhe (PTKA)
Karlsruher Institut für Technologie (KIT)
Dr.-Ing. Alexander Lucumi

Vorwort des Clustermanagements

Wir gestalten gemeinsam die digitale Revolution – Mit it's OWL!
Die Digitalisierung wird Produkte, Produktionsverfahren, Arbeitsbedingungen und Geschäftsmodelle verändern. Virtuelle und reale Welt wachsen immer weiter zusammen. Industrie 4.0 ist der entscheidende Faktor, um die Wettbewerbsfähigkeit von produzierenden Unternehmen zu sichern. Das ist gerade für OstWestfalenLippe als einem der stärksten Produktionsstandorte in Europa entscheidend für Wertschöpfung und Beschäftigung.

Die Entwicklung zu Industrie 4.0 ist mit vielen Herausforderungen verbunden, die Unternehmen nicht alleine bewältigen können. Gerade kleine und mittlere Unternehmen (KMU) brauchen Unterstützung, da sie nur über geringe Ressourcen für Forschung- und Entwicklung verfügen. Daher gehen wir in OstWestfalenLippe den Weg zu Industrie 4.0 gemeinsam: mit dem Spitzencluster it's OWL. Unternehmen und Forschungseinrichtungen entwickeln Technologien und konkrete Lösungen für intelligente Produkte und Produktionsverfahren.

Davon profitieren insbesondere auch KMU. Mit einem innovativen Transferkonzept bringen wir neue Technologien in den Mittelstand, beispielsweise in den Bereichen Selbstoptimierung, Mensch-Maschine-Interaktion, intelligente Vernetzung, Energieeffizienz und Systems Engineering. In 170 Transferprojekten haben die Unternehmen diese neuen Technologien genutzt, um die Zuverlässigkeit, Ressourceneffizienz und Benutzungsfreundlichkeit ihrer Maschinen, Anlagen und Geräte zu sichern. Unser Transferkonzept findet eine große Resonanz bei den Unternehmen. Es wurde mehrfach ausgezeichnet und in andere Regionen übertragen.

Produktpiraterie verursacht bei Unternehmen beträchtliche Schäden. Nach einer Studie der Europäischen Kommission wurden in 2011 mehr als 103 Mio. imitierte Produkte sichergestellt, die einen ökonomischen Schaden von über 1,1 Billionen Euro verursacht haben – Tendenz steigend. Dazu hat die UNITY AG im Projekt „Prävention gegen Produktpiraterie" gemeinsam mit Forschungseinrichtungen ein Instrumentarium entwickelt, das aus einem Verfahren zur Erkennung von Bedrohungspotenzialen und einer Datenbank mit Schutzmechanismen besteht. Dadurch können Unternehmen geeignete Schutzmaßnahmen bereits in der Produktentwicklung integrieren.

Eine wichtige Voraussetzung dafür ist eine systematische Bedrohungsanalyse, mit der Unternehmen identifizieren können, welche Entwicklungs-, Material- und Fertigungstechnologien gefährdet sind und besonders geschützt werden sollten. Auf diesem Gebiet haben die Universität Paderborn und das Fraunhofer IEM wichtige Vorarbeit geleistet. Durch das entwickelte Instrumentarium können Unternehmen eigenständig ihre neuen Produkte wirkungsvoll gegen Produktpiraterie schützen.

It's OWL – Das ist OWL: Innovative Unternehmen mit konkreten Lösungen für Industrie 4.0. Anwendungsorientierte Forschungseinrichtungen mit neuen Technologien für den Mittelstand. Hervorragende Grundlagenforschung zu Zukunftsfragen. Ein starkes Netzwerk für interdisziplinäre Entwicklungen. Attraktive Ausbildungsangebote und Arbeitgeber in Wirtschaft und Wissenschaft.

Prof. Dr.-Ing. Roman Dumitrescu, Geschäftsführer it's OWL Clustermanagement
Günter Korder, Geschäftsführer it's OWL Clustermanagement
Herbert Weber, Geschäftsführer it's OWL Clustermanagement

Inhaltsverzeichnis

    Daniel Steffen

Über den Herausgeber und die Autoren

Über den Herausgeber

Dipl.-Wirt.-Ing. Christoph Plass ist Gründer und Mitglied des Vorstands der UNITY AG. Er gründete 1995 die UNITY gemeinsam mit dem Aufsichtsratsvorsitzenden Prof. Dr.-Ing. Jürgen Gausemeier und seinem Vorstandskollegen Tomas Pfänder. Im Rahmen der Digitalisierung sind die Schwerpunkte von Christoph Plass die Entwicklung von Strategien und Geschäftsmodellen sowie die Gestaltung der Digitalen Transformation. Er berät Führungskräfte bei den notwendigen Veränderungen ihrer Führungskultur sowie ihrer Organisationsstrukturen.

Er ist Aufsichtsrat in diversen Unternehmen sowie Beirat und Vorstandsmitglied in regionalen und überregionalen Institutionen und Programmen.

Über die Autoren

Dipl.-Kffr. Katharina Altemeier ist Senior Expertin und geprüfte Trainerin (BDVT) am Fraunhofer Institut für Entwurfstechnik Mechatronik IEM in Paderborn im Bereich Produktentstehung unter der Leitung von Prof. Dr.-Ing. Roman Dumitrescu. Seit 2006 führt sie Beratungsprojekte im Bereich der Entwicklung mechatronischer Produkte und Industrie 4.0-Themen in unterschiedlichsten Branchen, darunter Automobilindustrie, Medizintechnik, Maschinen- und Anlagenbau durch. Seit 2018 leitet sie zusätzlich die IEM Academy und ist damit Ansprechpartnerin für externe Weiterbildungsangebote für die digitale Transformation von Unternehmen.

Dr.-Ing. Daniel Eckelt studierte an der Universität Paderborn Wirtschaftsingenieurwesen mit der Fachrichtung Maschinenbau. 2017 promovierte er am Heinz Nixdorf Institut der Universität Paderborn bei Prof. Dr.-Ing. Jürgen Gausemeier. Heute ist Daniel Eckelt im Programm Management bei HELLA beschäftigt. Er leitet u. a. Serienentwicklungsprojekte für Advanced Driver Assistance Systems.

Maximilian Frank ist Wissenschaftlicher Mitarbeiter am Heinz Nixdorf Institut der Universität Paderborn in der Fachgruppe Advanced Systems Engineering unter der Leitung von Prof. Dr.-Ing. Roman Dumitrescu. Seine Forschungsschwerpunkte liegen im Kompetenzmanagement für Smart Services und dem Innovationsmanagement. In diesen Bereichen bearbeitet und leitet er zahlreiche Industrie- und Forschungsprojekte.

Dr.-Ing. Ulrich Jahnke ist seit der Ausgründung aus der Universität Paderborn mit dem dortigen Direct Manufacturing Research Center (DMRC) Geschäftsführer der Additive Marking GmbH. Schon während seiner Promotion bei Prof. Dr.-Ing. Rainer Koch erforschte er die Potentiale Additiver Fertigungsverfahren hinsichtlich einer produktionsintegrierten und somit kostenneutralen Produktkennzeichnung. In zahlreichen Industrie und Forschungsprojekten im Rahmen seiner Tätigkeit am DMRC validierte er die breite Anwendbarkeit und gleichermaßen den hohen Bedarf zur Rückverfolgbarkeit additiv gefertigter Bauteile zu den digitalen Prozessdaten in Automobil- und Luftfahrtindustrie ebenso wie in der Medizintechnik.

Dr.-Ing. Daniel Kliewe studierte Maschinenbau an der Universität Hannover. Von 2012–2016 arbeitete er am Fraunhofer Institut für Entwurfstechnik Mechatronik IEM in Paderborn im Bereich Produktentstehung unter der Leitung von Prof. Dr.-Ing. Roman Dumitrescu. 2016 promovierte er am Heinz Nixdorf Institut der Universität Paderborn bei Prof. Dr.-Ing. Jürgen Gausemeier. Heute ist Daniel Kliewe in der Digital Factory bei der HOMAG Group tätig.

Dr.-Ing. Daniel Steffen ist Partner bei UNITY. Als Experte für die Themen Innovationsmanagement und Systems Engineering führt er seit 2006 Beratungsprojekte durch. Er ist u. a. Trainer für Systems Engineering an der UNITYacademy sowie Dozent an der TU Hamburg-Harburg. Er verfügt über Projekterfahrung in unterschiedlichsten Branchen, darunter Luftfahrt, Automobilindustrie, Maschinen- und Anlagenbau, Agrar- und Medizintechnik. Daniel Steffen studierte Wirtschaftsingenieurwesen und promovierte am Heinz Nixdorf Institut bei Prof. Dr.-Ing. Jürgen Gausemeier.

Herausforderung Produktschutz

Daniel Steffen

Das Ziel des Spitzenclusters „Intelligente Technische Systeme OstWestfalenLippe – it's OWL" ist eine neue Generation technischer Systeme mit erheblichem Mehrwert für Kunden und Hersteller. Für die Implementierung einer inhärenten Intelligenz in technischen Systemen ist umfassendes Know-how erforderlich. Dieses wird in den Innovations- und Querschnittsprojekten des Spitzenclusters entwickelt. Sie stellen die Technologieplattform bereit und setzen sie in technische Lösungen für die Industrieunternehmen um. Bei dem vorliegenden Projekt itsowl-3P handelte es sich um eine Nachhaltigkeitsmaßnahme. Nachhaltigkeitsmaßnahmen zielen insbesondere auf den Ausbau der Schlüsselfähigkeiten der Unternehmen ab und sichern die Dynamik über die Clusterförderung hinaus. Ziel des Projekts itsowl-3P war es, die Technologieführer vor der zunehmenden Bedrohung „Produktpiraterie" präventiv zu schützen.

1.1 Bedrohung für Intelligente Technische Systeme

Imitate und das Geschäft mit nachgeahmten Produkten verursachen bei betroffenen Unternehmen und ihren Kunden weltweit beträchtliche Schäden. In einer Studie der Europäischen Kommission aus dem Jahr 2015 zeigt sich zwar ein leichter Rückgang der Verdachtsfälle von Verletzungen geistigen Eigentums im Vergleich zu den Vorjahren. Dennoch befindet sich die Anzahl weiterhin auf einem sehr hohen Niveau. Es wurden mehr als 40 Mio. Produkte sichergestellt, deren Gegenwert in Originalprodukten mit über 640 Mio. Euro angegeben wird (European Commission 2015). Ähnlich äußert sich die

D. Steffen (✉)
UNITY AG, Büren, Deutschland
E-Mail: daniel.steffen@unity.de

© Springer-Verlag GmbH Deutschland, ein Teil von Springer Nature 2020
C. Plass (Hrsg.), *Prävention gegen Produktpiraterie*, Intelligente Technische
Systeme – Lösungen aus dem Spitzencluster it's OWL,
https://doi.org/10.1007/978-3-662-58016-5_1

Internationale Handelskammer in einer Anfang 2011 erschienenen Studie. In dieser wurde für das Jahr 2015 der „weltweite ökonomische und soziale Schaden durch Fälschungen und Produktpiraterie […] auf über 1,7 Billionen US-Dollar" prognostiziert (ICC 2017).

Betroffene Unternehmen in OWL als Exempel
Dementsprechend sind auch die Unternehmen des Spitzenclusters it's OWL betroffen. Ein kleines Rechenspiel verdeutlicht die Situation: Die Unternehmen aus OWL tragen mit ca. 5 % am Umsatz des deutschen Maschinen- und Anlagenbau bei. Unter Berücksichtigung von Elektro-/Elektronikindustrie und Automobilzulieferern erzielten die Unternehmen in OWL einen Jahresumsatz von ca. 17 Mrd. Euro und beschäftigten knapp 80.000 Mitarbeiter (Itsowl 2012a). Die Region zählt damit zu den wirtschaftsstärksten Standorten in Europa. Werden die Zahlen zur Produktpiraterie (3,4 % durchschnittlicher Umsatzausfall) auf die Region angewendet, bedeutet dies einen Umsatzausfall von ca. 580 Mio. Euro (3,4 % von 17 Mrd. Euro) und einen Verlust von ca. 3200 Arbeitsplätzen (= Umsatzausfall/ durchschnittlicher Umsatz/MA). Die Zahlen zeigen: Es besteht akuter Handlungsbedarf.

Der VDMA hat die Schäden in einer im April 2016 veröffentlichten Studie für Deutschland für das abgelaufene Geschäftsjahr ermittelt. Darin wird der Schaden alleine im Maschinen- und Anlagenbau auf 7,3 Mrd. Euro beziffert (VDMA 2016). Bemerkenswert sind darüber hinaus folgende Eckwerte (VDMA 2016):

- Die Schäden befinden sich seit Jahren auf einem ähnlich hohen Niveau.
- Mehr als zwei Drittel der Unternehmen sind betroffen.
- Komponenten, ganze Maschinen oder Ersatzteile stehen im Fokus der Nachahmung.
- Der Vertrieb nachgeahmter Produkte konzentriert sich nicht mehr auf eine Region, sondern erfolgt mittlerweile weltweit – auch in Deutschland.
- Neben Umsatz- und Arbeitsplatzverlust sind weitere Schäden wie Imageverlust oder Produkthaftung schwer kalkulierbar und nicht eingepreist.

Formen von Nachahmungen
Nachahmungen von Produkten führen beim Originalhersteller zu Schädigungen, weil er zumindest teilweise um die Verzinsung und Rendite seiner Innovationen, als auch um die Investitionen seiner Forschung und Entwicklung gebracht wird (Gausemeier und Kokoschka 2012). Dies kann durch Imitationen, Fälschungen, Plagiate und Vertragsverstöße erfolgen (Vgl. Abschn. 2.1). Im Fall von Imitationen werden Produkteigenschaften teilweise oder vollständig nachgeahmt. Ein Imitat ist legal, wenn der Originalhersteller keine Schutzrechte besitzt – unabhängig vom moralischen Standpunkt. Fälschungen (auch Markenpiraterie genannt) sind regelmäßige Verletzungen von nichttechnischen gewerblichen Schutzrechten wie Marken oder Geschmacksmuster. Plagiate verletzen technische gewerbliche Schutzrechte wie Patente oder Gebrauchsmuster. Vertragsverstöße betreffen bilaterale Verträge zwischen Partnern wie Lizenzverträge und zeigen Erscheinungsformen wie Überproduktion („4. Schicht") oder Graumarktprodukte („Parallelimporte"). Im Weiteren werden Verletzungen von gewerblichen Schutzrechten unter dem Begriff „Produktpiraterie" zusammengefasst (Köster 2012).

Schäden durch Nachahmungen

In den Studien wurde vereinfacht angenommen, dass Originalhersteller durch Nichtverkäufe Umsatzverluste hinnehmen müssen. Damit dürfte das Schadenspotenzial zwar quantifizierbar, aber unvollständig dargestellt sein.

Kosten fallen auch an, wenn sich Kunden im Schadensfall an den Originalhersteller wenden: Im Rahmen der Produkthaftung können Gewährleistungs , Haftungs- und Schadensersatzansprüche infolge eines Produktmangels geltend gemacht werden. In Folge von Reklamationen muss sich der Originalhersteller mit Austausch- oder Reparaturansprüchen des Kunden auseinandersetzen. Im Fall von Servicevereinbarungen wird der Originalhersteller in Vorleistungen gehen, sei es für direkte Mängel am Imitat oder für indirekte, durch ein Imitat verursachte Schäden am Original.

Allen Fällen ist gemeinsam, dass der Originalhersteller eine Infrastruktur bereitstellen muss, um Ansprüche aufzunehmen, sie zu bewerten, in die Beweisführung einzutreten und ggf. bei der Lösungsfindung zu unterstützen. Das gilt für Originalprodukte und Imitate gleichermaßen. Insbesondere für KMU ist dies oftmals problematisch. Insgesamt ergeben sich **drei Stufen der Schädigung**, die Unternehmen durch Nachahmung betreffen.

In **Stufe 1** substituiert der Kunde bewusst oder unbewusst Originalteile gegen Imitate. Hierdurch entgeht dem Originalhersteller Umsatz in Höhe der substituierten Originalteile. Unterstellt man für den Maschinenbau eine mittlere Umsatzrendite in Höhe von 7,3 % (KfW Bankengruppe 2011), verlieren die betrachteten Originalhersteller in OWL beispielsweise Gewinne in Höhe von über 40 Mio. Euro.

Stufe 2 tritt ein, wenn Kunden Imitate besitzen, an ihnen Mängel feststellen und daraus Ansprüche an den Originalhersteller ableiten. Die im Rahmen dieser Prozesse anfallenden Kosten sind abhängig von der Geschwindigkeit, mit der Unternehmen unberechtigte Ansprüche identifizieren und abwenden können. Gleichsam verhindern weder Imitaterkennung (Authentifizierung) noch Schutzrechte die Existenz von Imitaten. Mit zunehmender Wahrnehmung werden Kunden ihre Haltung gegenüber dem Originalprodukt verändern: Sind die Erfahrungen des Kunden mit Imitaten positiv, muss er nicht auf Originalprodukte zurückgreifen. In dieser Entscheidung wird er bestärkt, wenn er zudem mit der Preisdifferenz „belohnt" wird. Damit verändert sich seine Einstellung gegenüber dem Originalprodukt.

Stufe 3 kennzeichnet diese Situation: Sie führt über Preisverfall und Verlust von Marktanteilen im fortgeschrittenen Stadium zur Aufgabe des Geschäftsmodells. Die Verbreitung von „no name Produkten" oder „Generika" kennzeichnen diese Entwicklung.

Gewinner und Verlierer

Sicherer Verlierer in dem Spiel um Originale und Imitate sind Originalhersteller. Sie werden nicht nur um Früchte Ihrer Erfindungen gebracht, sie müssen sich ggf. auch mit den Mängeln von Imitaten auseinandersetzen und Schadensersatz leisten.

Kunden können zu den Verlierern oder den Gewinnern zählen. Dabei kommt es darauf an, wie gut die Imitate ihre Anforderungen erfüllen. Werden alle Erwartungen erfüllt, so ist der Kunde zufrieden, ob er bewusst ein Imitat gekauft hat oder nicht – er gehört zu den

Gewinnern. Ist der Kunde allerdings unzufrieden, weil nicht alle Erwartungen erfüllt werden konnten oder gar eine Gefahr von dem gekauften Imitat ausgeht, so gehört er eher zu den Verlierern.

Im Umfeld vom Original- und Imitatehersteller gibt es viele Stakeholder wie Mitarbeiter, Lieferanten und Dienstleister, den Staat und Anteilseigner. Hier kann vereinfachend festgestellt werden, dass „des einen Leid des anderen Freud" ist: mit den Imitaten „wandern" Produktion, Distribution, Arbeitsplätze, Steuereinnahmen, Unternehmensgewinne etc. zum meist im Ausland sitzenden Imitatehersteller und seinem Umfeld.

Als Gewinner kann man die Imitatoren bezeichnen. Legale Imitate gelten in der betriebswirtschaftlichen Literatur als strategische Option (Stephan und Schneider 2011). Fast oder Late Follower (legale Imitatoren) werden bei mangelndem Know-how-Schutz frühzeitig in den Markt eintreten. Damit verliert der First Mover (Originalhersteller) Umsatz und Marktanteile an die Konkurrenz. Grundsätzlich gilt dies auch für illegale Imitate. Durch effektive zivil- und strafrechtliche Verfolgung sollten Sanktionsmechanismen einen Markteintritt verhindern.

Jedoch ist das Risiko der Plagiateure zur Rechenschaft gezogen zu werden sehr gering:

- nur ca. 5 %–10 % der Imitate entdeckt (hohe Dunkelziffer) (Stihl 2010);
- Strafverfolgungen von ausländischen Behörden kaum eingeleitet (Huber 2010);
- in Deutschland von den eingeleiteten Verfahren nur ca. 4 % sanktioniert, die überwiegende Mehrzahl in Form von Geldbußen (Stihl 2010).
- in einigen Nationalstaaten (z. B. China, Indien, Italien) sind Strafverfolgungsverfahren so terminiert, dass sie 6 Monate bis mehrere Jahre dauern, eine Zeit, in der der Imitator beliebig am Markt tätig sein kann (PIZ 2010).

Prävention ist das Gebot – nicht Verfolgung
Solange Imitatoren große Chancen bei geringen Sanktionsrisiken wahrnehmen können, werden sie aktiv sein und ihre Zahl wird wachsen. Demgegenüber haben Originalhersteller nur geringe Aussichten, ihre Rechte erfolgreich durchzusetzen. Originalhersteller können sich dazu in zwei Extremen aufstellen: die Verfolgung von Imitatoren oder Prävention. Im ersten Fall sichern sich Originalhersteller Schutzrechte. Sie beobachten den Markt und identifizieren Marktteilnehmer, die diese verletzen. Die Imitatoren werden verfolgt und Rechte durchgesetzt. Diese Methode ist reaktiv und setzt erst ein, wenn Imitatoren bereits am Werk sind und der Schaden entstanden ist. Dafür kann sie durch Akteure außerhalb des Unternehmens vorangetrieben werden (Anwälte, Detekteien, Gerichte, Zoll etc.).

Für die Vermeidung von Imitaten investieren Originalhersteller in Prävention. Sie identifizieren Möglichkeiten, mit denen Imitaten ihre Attraktivität genommen wird. Hierzu gehören z. B. eine komplizierte Kopierbarkeit, kurze Produktlebenszyklen oder eine fixkostenintensive Produktion. Prävention ist aktiv und wird zu einem Zeitpunkt angewendet, bevor Imitatoren am Werk sind. Prävention wird in den Kompetenzfeldern des Unternehmens ansetzen, also dort, wo sich das Unternehmen am besten auskennt.

Gefährdung von Intelligenten Technischen Systemen
Zukünftige technische Produkte werden sich entscheidend von den bislang bekannten mechatronischen Produkten unterscheiden. Kennzeichnend für diese Produkte sind die Eigenschaften: adaptiv, robust und selbstoptimierend. Naheliegend werden diese Produkte als intelligente technische Systeme (ITS) bezeichnet. Solche Systeme versprechen ein hohes Marktpotenzial, weshalb sie grundsätzlich hohe Attraktivität für Imitatoren besitzen. Potenzielle Nachahmer werden sich u. a. für die „Intelligenz", die Interaktion von Mechanik und Elektronik und die Fertigungsverfahren, interessieren (Meimann 2010). Darüber hinaus dürfte die Adaption auf individuelle Kundenbedürfnisse und die Wartung der Systeme Angriffsflächen für Produktpiraten bieten (Itsowl 2012b). Lösungen für den Produktschutz intelligenter technischer Systeme sind noch nahezu unbekannt. Parallel zur Entwicklung intelligenter technischer Systeme muss also auch der Produktschutz eine Weiterentwicklung erfahren. Es muss der Aufwand, die Funktionsweise sowie die verwendete Technologie berücksichtigt und in Produktschutzmaßnahmen interpretiert werden.

1.2 Bedarfe in der Industrie

Das entwickelte Instrumentarium für einen präventiven Produktschutz von ITS soll den Unternehmen ermöglichen, die für sie notwendigen und sinnvollen Methoden und Werkzeuge für den Produktschutz zu identifizieren und anzuwenden. Da juristische Maßnahmen meist erst greifen, wenn der Schaden durch Produktpiraterie bereits eingetreten ist, sind hier insbesondere technische und organisatorische Schutzmaßnahmen im Fokus. Technische Maßnahmen berücksichtigen zum einen die Produkte an sich, zum anderen befassen sich diese aber auch mit den Produktionssystemen, auf denen die Produkte hergestellt werden. Nur die Kombination aus verschiedenen Schutzmaßnahmen hilft präventiv Imitate zu verhindern oder zu erschweren. Somit können sich Unternehmen schützen, bevor ein Schaden eingetreten ist. Im Detail ergeben sich 7 Teilziele, die im Rahmen des Vorhabens angestrebt wurden:

Teilziel 1: Sensibilisierung und Befähigung von Unternehmen
Die Bedrohung, welche von Produktpiraterie ausgeht ist vielen Unternehmen nicht ausreichend bekannt. Daher wurde gleich zu Beginn Aufklärungsarbeit geleistet und durch Veranstaltungen wie Seminare, Workshops und Vorträge wurden die Unternehmen der Region auf die Risiken aufmerksam und mit bekannten Schutzmaßnahmen vertraut gemacht. Unternehmen wurden in die Lage versetzt Produktpiraterie proaktiv und effizient zu begegnen. Dabei gilt es, den Schutz vor Produktpiraterie in die Unternehmensprozesse und -strategie einzubinden.

Teilziel 2: Entwicklung eines Produktschutzmechanismus
Den Unternehmen sollte ein geeignetes Instrumentarium bereitgestellt werden, das es ihnen erlaubt ihre Bedrohungslage zu analysieren und Schutzmaßnahmen zu ergreifen. Dieses

Instrumentarium basiert auf der vorhandenen „Bedarfsanalyse Produktschutz" (ConImit), das anhand der Anforderungen von intelligenten technischen Systemen erweitert wurde. Dazu musste eine Methodik zum piraterierobusten Konzipieren von Produkten (ITS) und Produktionssystemen (für ITS) entwickelt werden. Bestehende Methodiken reichen bei der Erstellung von Schutzkonzeptionen meist nur bis zum Aufzeigen der Bedrohungssituation oder zur Auswahl einzelner Schutzmaßnahmen. Der erklärte Produktschutzmechanismus kombiniert ausgewählte Schutzmaßnahmen und bildet eine für das Unternehmen wirkungsvolle Schutzkonzeption. Diese beinhaltet zusätzlich zu den technischen Schutzmaßnahmen auch juristische und organisatorische Maßnahmen. Mit einer Kosten-Nutzen-Analyse lässt sich auch der ökonomische Sinn des Schutzkonzepts bewerten.

Teilziel 3: Schutzkonzepte für Unternehmen

In Pilotprojekten sollte in einzelnen Unternehmen das Instrumentarium auf Anwendbarkeit und mögliche Verbesserungsmöglichkeiten getestet werden. Hierbei stand die Frage im Fokus, wie diese in ihrer Entwicklung von intelligenten technischen Systemen konkret vor Produktpiraterie geschützt werden können. Basierend auf dem zu entwickelnden Instrumentarium wurden die Unternehmen auf ihre jeweilige Bedrohungssituation hin analysiert. Ausgehend von den Analyseergebnissen wurden in einigen Unternehmen gemeinsam mit diesen pilothaft Schutzkonzepte entwickelt sowie Schutzmaßnahmen bewertet und ausgewählt werden. Den untersuchten Unternehmen wurde ein Handlungsplan zur Umsetzung ihrer individuellen Schutzkonzepte bereitgestellt.

Teilziel 4: Anforderungen von intelligenten technischen Systemen an Schutzmaßnahmen

Intelligente technische Systeme sind die Weiterentwicklung der mechatronischen Systeme. Durch diese Weiterentwicklung ändern sich auch die Anforderungen an den Produktschutz. Die neu entstandenen Anforderungen galt es in Zusammenarbeit mit den involvierten Unternehmen zu identifizieren und zu untersuchen. Die in bereits bestehenden Schutzmaßnahmen nicht abgedeckten Anforderungen wurden durch die Weiterentwicklung von Schutzmaßnahmen behandelt, z. B. wurden besonders geeignete Technologien identifiziert, die in die Entwicklung des Produktschutzmechanismus einfließen können.

Teilziel 5: Bedrohungen – Schutzmaßnahmen – Datenbank

Die im Projekt erstellte Bedrohungen – Schutzmaßnahmen – Datenbank erfasst Bedrohungen im Rahmen von Produktpiraterie und Wirtschaftsspionage. Gleichzeitig sind strategische, produkt- und prozessbezogene, IT-basierte, kennzeichnende, rechtliche und kommunikative Schutzmaßnahmen implementiert. Die Basis dafür bilden beispielsweise die Schutzmaßnahmen, die im Rahmen der Forschungsoffensive Innovationen gegen Produktpiraterie oder dem Transferprojekt ConImit gesammelt bzw. entwickelt wurden und bereits auf ConImit.de veröffentlicht sind. Im Projekt entwickelte Schutzmaßnahmen wurden sukzessive ergänzt. Eine Verknüpfung von Bedrohungen und Schutzmaßnahmen ermöglicht eine effiziente Auswahl passender Schutzkonzepte für die individuelle Bedrohungssituation und den speziellen Schutzbedarf. Über ConImit.de ist die Datenbank der breiten Masse zugänglich und ermöglicht es interessierten Unternehmen sich auch langfristig über mögliche Schutzkonzepte zu informieren.

Teilziel 6: Schutz von Komponenten durch „Direct Manufacturing"
Durch den Einsatz additiver Fertigungsverfahren kann der Nachbau von Komponenten oder Produkten erschwert oder gar verhindert werden. Diese Möglichkeit wird für ausgewählte Komponenten in Pilotprojekten durch Direct Manufacturing getestet und in die Produkte der Unternehmen implementiert.

Das Ergebnis der Nachhaltigkeitsmaßnahme 3P ist ein validiertes Instrumentarium, das die Ermittlung von individuellen Schutzbedarfen sowie die Entwicklung von dazu passenden Schutzstrategien umfasst.

1.3 Prävention und Produktschutz im Spitzencluster it's OWL

Das Projekt itsowl-3P erstreckte sich über einen Zeitraum von vier Jahren. Beteiligt waren die Forschungseinrichtungen Heinz Nixdorf Institut (HNI), Fraunhofer-Institut für Entwurfstechnik Mechatronik (IEM) und das Direct Manufacturing Research Center (DMRC), Konsortialführer war die Unity AG. Der Wissenstransfer zwischen Wissenschaft und Wirtschaft wurde durch zahlreiche Workshops mit elf Unternehmen aus dem Spitzencluster sichergestellt. Dabei wurden Workshops bei folgenden Unternehmen durchgeführt: Benteler Automobiltechnik GmbH, Boge Kompressoren Otto Boge GmbH & Co. KG, Claas Service and Parts GmbH, Fischer Panda GmbH, Haver&Boeker, Helectronics GmbH, Hesse GmbH, Phoenix Contact GmbH & Co. KG, Rippert Anlagentechnik GmbH, Diebold Nixdorf AG (ehemals Wincor Nixdorf), Paul Henke GmbH.

Der im vorherigen Unterkapitel beschriebenen Zielsetzung wurde durch eine Kombination aus Arbeitspaketen und Transferprojekten Rechnung getragen. In den Arbeitspaketen 1 bis 4 wurden die technischen und methodischen Grundlagen geschaffen. Um eine breite Zielgruppe für den Praxistransfer der Zwischen- und Endergebnisse zu erschließen, wurden in Transferprojekt eins (TP 1) Unternehmen sowohl innerhalb als auch außerhalb des Spitzenclusters it's OWL für Produktpiraterie sensibilisiert. In Arbeitspaket vier (AP 4) und in Transferprojekt zwei (TP 2) finden zudem Pilotprojekte (PP) statt, in denen die Ergebnisse umgesetzt, erprobt und validiert wurden. Transferprojekt drei (TP 3) dient dem netzwerkbasierten Transfer innerhalb und außerhalb des Spitzenclusters. Dies wurde über die gesamte Projektlaufzeit mittels verschiedener Transferveranstaltungen und -plattformen realisiert. Die Gesamtkonstellation des Projektes ist in Abb. 1.1 dargestellt.

Die einzelnen Arbeitspakete waren auf die Konsortialpartner aufgeteilt. Jeweils ein Partner übernahm die Federführung für die Erreichung der Ergebnisse, die Bearbeitung erfolgte gemeinsam und abgestimmt. Die spezifischen Kompetenzprofile der Partner waren der Schlüssel des Projekterfolgs und der Umsetzung der Pilotprojekte in den Industrieunternehmen.

Abb. 1.2 veranschaulicht die drei wesentlichen Zieldimensionen des Projektes: Sensibilisierung für Produktschutz, Erarbeitung sukzessiver Schutzkonzepte und Erweiterung der Produkte auf ITS.

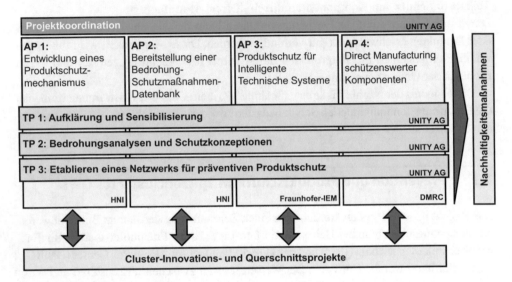

Abb. 1.1 Projektstruktur 3P

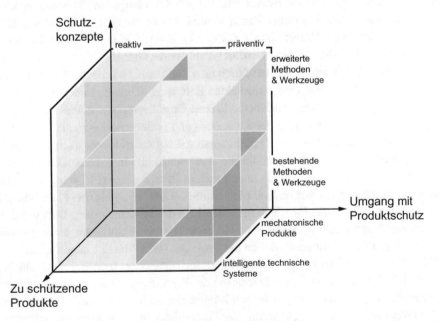

Abb. 1.2 Drei-achsige Erweiterung der gegenwärtigen Situation hin zum präventiven Produktschutzmechanismus für intelligente technische Systeme

Zuallererst soll sich der Umgang mit dem Produktschutz ändern. Durch Aufklärung und Sensibilisierung wurde die Industrie zur Anwendung präventiver Maßnahmen geführt. Reaktive Maßnahmen können lediglich eine Teilmenge des gesamten Schutzportfolios darstellen. Zudem war ein Schutz der zukünftigen ITS von Bedeutung. Darauf aufbauend waren die bestehenden Schutzkonzepte um neue oder angepasste Methoden und Werkzeuge zu erweitern. Insbesondere die systemische Vernetzung von Maßnahmen und Bedrohungslage galt es zu berücksichtigen. Ziel des Vorhabens 3P war es schließlich die äußere Ecke des Würfels zu erreichen.

Literatur

European Commission – Taxation and customs union: Report on EU customs enforcement of intellectual property rights – Results at the EU border – 2015. Unter: https://ec.europa.eu/taxation_customs/sites/taxation/files/2016_ipr_statistics.pdf, am 5. Oktober 2018

ICC (2017): Estimating the global economic and social impacts of counterfeiting and piracy. Unter: http://www.inta.org/communications/documents/2017_frontier_report.pdf, am 2. Februar 2018

Itsowl (2012a): Intelligente Technische Systeme OstwestfalenLippe für die Märkte von Morgen – Strategie

Itsowl (2012b): Intelligente Technische Systeme OstwestfalenLippe für die Märkte von Morgen – Anlage zur Strategie

Gausemeier, J.; Kokoschka, M. (2012): Bedrohung Produktpiraterie. In: Gausemeier, J.; Glatz, R.; Lindemann, U. (Hrsg.): Präventiver Produktschutz – Leitfaden und Anwendungsbeispiele. Carl Hanser Verlag, München

Huber, A. (2010): Informationsschutz im Mittelstand. 218/2010, VBKI Spiegel. Unter: http://www.vbki.de/fileadmin/VBKI/VBKI_SPIEGEL/VBKI_Spiegel_218_Internet.pdf, am 14. August 2012

KfW Bankengruppe (2011): KfW-Mittelstandspanel 2011. Unter: http://www.kfw.de/kfw/de/I/II/Download_Center/Fachthemen/Research/PDF-Dokumente_KfW-Mittelstandspanel/Mittelstandspanel_2011_LF.pdf, am 10. Oktober 2016

Köster, O. (2012): Imitat, Plagiat, Fälschung – Was ist was und was ist (il)legal? In: Gausemeier, J.; Glatz, R.; Lindemann, U. (Hrsg.): Präventiver Produktschutz – Leitfaden und Anwendungsbeispiele, Carl Hanser Verlag, München

Meimann, V. (2010): Ein Beitrag zum ganzheitlichen Know-How-Schutz von virtuellen Produktmodellen in Produktentwicklungsnetzwerken. Dissertation, Fakultät für Maschinenbau, Ruhr-Universität Bochum

PIZ – Patentinformationszentrum der Universitäts- und Landesbibliothek (2010): Schutzrechtsstrategie gegen Produkt- und Markenpiraterie. Unter: http://www.piz.tu-darmstadt.de/media/piz/pdf_1/Schutzrechtsstrategie_Piraterie_PIZ.pdf, am 5. Oktober 2018

Stephan, M.: Schneider, M.J. (Hrsg.) (2011): Marken- und Produktpiraterie – Fälscherstrategien, Schutzinstrumente, Bekämpfungsmanagement. Symposion Publishing GmbH, Düsseldorf

Stihl, R. (2010): Produkt- und Markenpiraterie – Das Krebsgeschwür der Globalisierung. Technologie und Werkzeugmaschinen PTW, 8. Oktober 2009, Darmstadt, http://www.festo-didactic.com/ov3/media/customers/1100/stihl_vortrag_dr._stihl_1.pdf, am 5. Oktober 2018

VDMA – Arbeitsgemeinschaft Produkt- und Know-how-Schutz (2016): VDMA Studie Produktpiraterie. Unter: http://www.vdma.org/documents/105969/1437332/VDMA%20Studie%20Produktpiraterie%202016/d519cd4e-ca05-4910-b2cf-502a11f360db, am 10. Januar 2018

Grundlagen

2

Katharina Altemeier, Maximilian Frank und Ulrich Jahnke

Als Einstieg werden einige Grundlagen zum Thema Produktpiraterie beleuchtet. Zunächst werden die wichtigsten Begriffe im Zusammenhang mit Produktpiraterie und dem Schutz gegen diese definiert. Anschließend wird ein Einblick in die verschiedenen Mechanismen der Produktpiraterie gegeben. Hier wird explizit auf das Verfahren des Reverse Engineering eingegangen, da dieses als die am weitesten verbreitete Methode bestimmt wurde, um an das notwendige Wissen zu gelangen (vgl. Abschn. 2.2). Abschließend werden verschiedene methodische Ansätze aus der Literatur zum Produktschutz dargelegt.

2.1 Begriffe

Der Begriff Produktpiraterie umfasst eine Vielzahl an verschiedenen Vergehen. Dazu gehören unter anderem der Diebstahl von Know-how, Produktfälschungen und Plagiate. *Voigt* et al. definiert den engeren Piraterlebegriff als „das gezielte illegale Kopieren der Leistung" (Voigt et al. 2008). Die unterschiedlichen Bezeichnungen der Vorgehen zeigen, dass hier keine eineindeutigen Bezeichnungen existieren, sondern verschiedene Ausprä-

K. Altemeier (✉)
Produktentstehung, Fraunhofer IEM, Paderborn, Deutschland
E-Mail: katharina.altemeier@iem.fraunhofer.de

M. Frank
Advanced Systems Engineering, Heinz Nixdorf Institut, Paderborn, Deutschland
E-Mail: Maximilian.Frank@hni.uni-paderborn.de

U. Jahnke
Additive Marking GmbH, Paderborn, Deutschland
E-Mail: ulrich.jahnke@additive-marking.de

© Springer-Verlag GmbH Deutschland, ein Teil von Springer Nature 2020
C. Plass (Hrsg.), *Prävention gegen Produktpiraterie*, Intelligente Technische Systeme – Lösungen aus dem Spitzencluster it's OWL,
https://doi.org/10.1007/978-3-662-58016-5_2

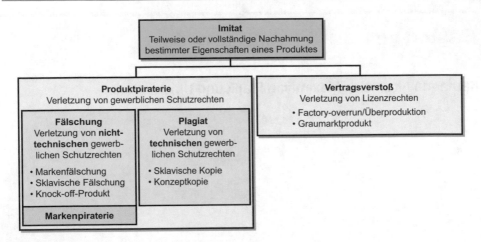

Abb. 2.1   Kategorisierung von Imitaten nach *Köster* (Köster 2012a)

gungen. *Köster* beschreibt eine mögliche Unterteilung von Imitaten und den dazugehörigen Begrifflichkeiten (Köster 2012a). Abb. 2.1 zeigt diese Unterscheidungsmöglichkeit.

Imitationen sind Produkte, deren Eigenschaften zum Teil oder auch vollständig nachgeahmt sind. Ohne vorhandene Schutzrechte des Originalherstellers, ist es nach dem Gesetz legal ein Imitat zu erstellen. Somit können allein moralische Vorwürfe erhoben werden. Anders ist es, wenn Schutzrechte vorliegen. Grundsätzlich kann zwischen Produktpiraterie und Vertragsverstößen unterschieden werden. Vertragsverstöße betreffen dabei bestimmte Verträge, die mit Partnern oder Lieferanten geschlossen wurden. Hier können Sachverhalte wie etwa Überproduktion zu Vertragsverstößen und somit zur Verletzung von Lizenzrechten führen. Bei der Produktpiraterie geht es explizit um die Verletzung von Schutzrechten. Markenpiraterie gehört dabei zum Bereich der Fälschungen. Hierbei werden nicht-technische Schutzrechte wie etwa Marken- oder Geschmacksmuster verletzt. Wenn es sich um die Verletzung von technischen gewerblichen Schutzrechten handelt, findet der Begriff Plagiat Anwendung. Die Nutzung von eingetragene Patenten oder Gebrauchsmustern führt somit zu Plagiaten (Köster 2012b).

Um den entstehenden Schaden durch Produktpiraterie zu minimieren, können Schutzmaßnahmen getroffen werden, welche den Piraten ihre Arbeit schwieriger macht. Die Unternehmensspezifika und somit die einzelnen Bedrohungslagen haben auf die Auswahl von Schutzmaßnahmen Einfluss (Lindemann et al. 2012b; Meiwald 2011).

Nach *Meimann* lassen sich Schutzmaßnahmen in reaktive und präventive Schutzmaßnahmen untergliedern (Meimann 2010). Reaktive Schutzmaßnahmen sind Maßnahmen, die nach einer Verletzung durchgesetzt werden müssen. Hierzu zählen z. B. Schutzrechte. Die Erstellung von Imitaten lässt sich so nur schwer verhindern. Einzig vorbeugender Effekt bei Schutzrechten ist die abschreckende Wirkung, die zumindest die ehrlichen Wettbewerber von der Imitation abhalten kann. Nachträglich bedarf es Anwälte und Richter, um über Schutzrechtsverletzungen zu entscheiden. Im Gegensatz dazu haben präventive Maßnahmen das Ziel den Schaden bereits vor seiner Entstehung abzuwenden. Verschiedene Maßnahmen und Strategien sind hierfür denkbar. Durch besonders komplexe Produkte oder Produktgeometrien,

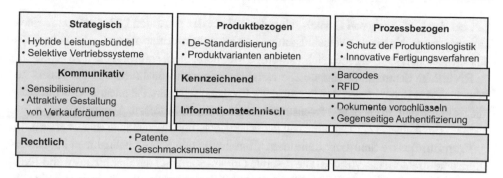

Abb. 2.2 Kategorien und Beispiele für Schutzmaßnahmen nach *Kokoschka* (Kokoschka 2012)

kurze Lebenszyklen oder auch vergleichsweise hohe Fixkosten können Plagiatore davon abgehalten werden Produkte zu kopieren (Kokoschka 2013; Meier et al. 2008; Meimann 2010).

Es existieren zahlreiche reaktive sowie präventive Schutzmaßnahmen gegen Produktpiraterie. *Kokoschka* unterteilt die einzelnen Schutzmaßnahmen in sieben Kategorien. Als Oberkategorien werden die strategischen, die produktbezogenen und die prozessbezogenen Schutzmaßnahmen unterschieden. Zusätzlich unterscheidet *Kokoschka* vier Querschnittskategorien, welche in eine oder auch mehrere Oberkategorien eingeteilt werden. Die Querschnittskategorien sind: kommunikative, kennzeichnende, informationstechnische und rechtliche Schutzmaßnahmen (Kokoschka 2012). Abb. 2.2 visualisiert diese Einteilung.

Strategische Schutzmaßnahmen: Als Beispiel für strategische Schutzmaßnahmen gelten hybride Leistungsbündel und selektive Vertriebssysteme. Diese sind unabhängig von speziellen Marktleistungen und werden durch generelle Entscheidungen eines Unternehmens bestimmt. So erhöhen hybride Leistungsbündel die Komplexität des Wertangebots. Sie sind im Vergleich zu klassischen Produkten nur schwer nachzuahmen.

Produktbezogene Schutzmaßnahmen: Je ähnlicher sich die angebotenen Produkte eines Unternehmens sind, desto einfacher wird es diese zu plagiieren. Durch den Verzicht auf übermäßige Standardisierung oder die Bildung von Varianten, kann ein produktbezogener Imitationsschutz durch Abschreckung und erhöhten Aufwand erzeugt werden.

Prozessbezogene Schutzmaßnahmen: Innovative Fertigungsprozesse und der Einsatz von modernen Fertigungstechnologien helfen, die Produkte vor der Nachahmung zu schützen. Fertigungsprozesse, die hohe Investitionen und explizites Know-how erfordern, sind schwer zu kopieren. Des Weiteren sollte darauf geachtet werden, die internen und externen Logistikprozesse zu schützen.

Kennzeichnende Schutzmaßnahmen: Hersteller können ihre Produkte markieren. Hierzu gibt es verschiedene Möglichkeiten. Beispiele sind Barcodes, RFID oder auch QR-Codes. In diesen Kennzeichnungen können zum Beispiel Informationen zum Produktionsort oder auch der Herstellungszeitpunkt enthalten sein. Je mehr Informationen eine solche Kennzeichnung enthält, desto schwieriger wird es, ein Imitat erfolgreich am Markt anzubieten. Außerdem wird es den Unternehmen und Behörden vereinfacht, Imitate zu identifizieren.

Informationstechnische Schutzmaßnahmen: Als informationstechnische Maßnahme gelten diejenigen Maßnahmen, die die digitalen Produktinformationen schützen. Angefangen bei der Kodierung von E-Mails, über den Schutz der gesamten IT-Infrastruktur eines Unternehmens, bis hin zur Verschlüsselung von Produktinformationen, die direkt im Produkt gespeichert sind, ergeben sich vielfältige Möglichkeiten, Informationen zu schützen.

Rechtliche Schutzmaßnahmen: Die rechtlichen Schutzmaßnahmen sind der klassische Weg, über den Unternehmen ihre Produkte vor Plagiaten schützen. Patente und Geschmacksmuster geben dem Erfinder und Patentanmelder eine zeitlich begrenzte Alleinnutzung der Erfindung. Der Aufwand zur Durchsetzung der Patentrechte für Unternehmen ist aber enorm.

Kommunikative Schutzmaßnahmen: Kommunikative Schutzmaßnahmen haben vor allem eine strategische Wirkung. Die gesamte Organisation und darüber hinaus weite Teile der Supply Chain können für das Thema sensibilisiert werden, um ein Bewusstsein für Produktpiraterie zu wecken. Zusätzlich kann auch die Öffentlichkeit mit der Thematik konfrontiert werden. Oftmals fehlt den Kunden das Bewusstsein, welche Gefahren von Plagiaten ausgehen können.

Die gesamtheitliche Betrachtung verschiedener Schutzmaßnahmen führt zu sogenannten Maßnahmenbündeln. Eine effektive Schutzkonzeption beinhaltet dabei die Nutzung einzelner Schutzmöglichkeiten. Hierbei kann sowohl auf bewährte Maßnahmen zurückgegriffen werden, wie auch auf innovative Schutzmöglichkeiten.

2.2 Mechanismen der Produktpiraterie

Sämtliche Formen der Nachahmung erfordern eine Vielzahl an Informationen über die Originalprodukte. Die Plagiatoren nutzen verschiedene Wege, um sich das notwendige Wissen zu beschaffen. Die VDMA Studie Produktpiraterie zeigt, dass speziell die Analysemethode des Reverse Engineering genutzt wird, um an die Produktinformationen zu kommen. In fast 70 % der Unternehmen wird das Analysieren und Auseinandernehmen fertiger Produkte als Hauptursache der Informationsgewinnung angesehen. Zusätzlich zu den Informationen über die Produkte, die mittels Reverse Engineering gewonnen werden können, werden auch ganze Werkzeuge zur Produktion oder produktionsrelevante Daten

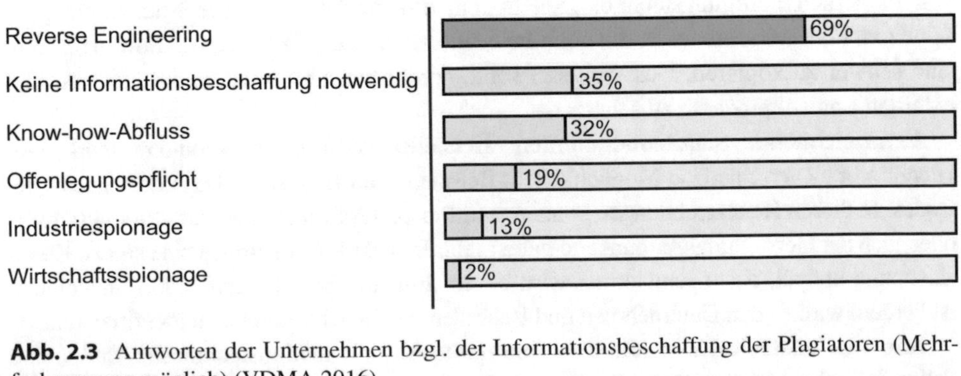

Reverse Engineering	69%
Keine Informationsbeschaffung notwendig	35%
Know-how-Abfluss	32%
Offenlegungspflicht	19%
Industriespionage	13%
Wirtschaftsspionage	2%

Abb. 2.3 Antworten der Unternehmen bzgl. der Informationsbeschaffung der Plagiatoren (Mehrfachnennung möglich) (VDMA 2016)

geklaut. Dies findet z. B. in Form von Know-how-Abfluss und Offenlegungspflichten statt (VDMA 2016). Auf welchem Weg die Plagiatoren die notwendigen Informationen beschafft haben, zeigt die VDMA-Studie ebenfalls. Abb. 2.3 gibt die Ergebnisse wieder.

Eine wichtige Feststellung ist, dass diese Methoden nicht zwangsweise illegal sind. Viele Unternehmen setzen Reverse Engineering zu Benchmarkingzwecken ein. Durch das Umgehen von technischen Schutzmaßnahmen, ändert sich die Situation aber. Als bedeutendste Form der Informationsbeschaffung, wird das Reverse Engineering im Projekt priorisiert betrachtet. Eine wichtige Information, die damit verbunden ist, ist z. B. der Ansatzpunkt der Produktpiraten. Um Informationen mittels Reverse Engineering gewinnen zu können, muss ein Produkt auf dem Markt sein. Somit ergibt sich für die Piraten als frühester Angriffszeitpunkt der Markteintritt eines neuen Produktes.

Reverse Engineering

In der Literatur wird der Begriff des Reverse Engineering (engl.: umgekehrt entwickeln, rekonstruieren) nicht einheitlich definiert, Basis dieser Ausarbeitung bildet die Definition von *Schöne* und *Stelzer*. Sie bezeichnen das Reverse Engineering als „Vorgang, aus einem bestehenden, fertigen System oder einem meistens industriell gefertigten Produkt durch Untersuchung der Strukturen, Zustände und Verhaltensweisen, die Konstruktionselemente zu extrahieren" (Schöne und Stelzer 2009).

Es gibt verschiedene Motivationen und Anwendungsbereiche von Reverse Engineering. Die folgende Liste gibt einen Überblick über mögliche Motive:

- Analyse eines Wettbewerbsproduktes
- Optimierung des Produktes durch Stärken- und Schwächenanalyse
- Optimierung des Herstellungsprozesses oder der Materialauswahl
- Erstellung einer fehlenden Produktdokumentation
- Ein nicht mehr verfügbares Produkt, wird erneut gebraucht
- Ideengenerierung durch das Produktverstehen von Konkurrenzprodukten
- Herstellung von Produktimitationen (Wang 2010; Mechanical Engineering Blog 2011; Guillory 2011; Raja und Fernandes 2007)

Schöne unterscheidet das Reverse Engineering im engeren und das Reverse Engineering im weiteren Sinne. So verstehen sie unter Reverse Engineering im engeren Sinn die Erfassung der Geometrie eines Objektes und die Aufbereitung dieser zu 3D-CAD-Modellen und abgeleiteten Zeichnungen. Während das Reverse Engineering im weiteren Sinne die Nutzung der 3D-Daten in der gesamten Prozesskette zur Fertigungsplanung und Herstellung von Produkten sowie zur Qualitätskontrolle gefertigter Produkte mit einbezieht. Gegenstand dieser Ausarbeitung ist die Entwicklung von additiv geschützten Produkten, somit ist das Reverse Engineering im weiteren Sinne die Grundlage für die Erarbeitung der Methodikanforderungen (Schnapauff 2009).

Rechtlich gesehen ist ein grundsätzlicher Nachbau eines technischen Produktes zulässig, solange kein Sonderschutzrecht (Patent, Gebrauchsmuster oder ähnliches) oder Wettbewerbsschutzrecht verletzt wird. So wird die Imitation in der Rechtsprechung als zulässig angesehen, wenn das auf den Markt gebrachte Produkt ohne größere Schwierigkeiten in seine Bestandteile zerlegt, vermessen oder auf seine Materialeigenschaft geprüft werden kann. Sobald diese Zerlegung beziehungsweise die Analyse einen nicht unerheblichen Zeit-, Arbeits- oder Kostenaufwand erfordert, liegt ein Verstoß gegen § 17 des Gesetzes gegen unlauteren Wettbewerb (UWG) vor (Von Welser und Gonzales 2007). Dieses Ergebnis kann auch aus der VDMA-Umfrage zum Thema Produktpiraterie entnommen werden. Dort gab die Mehrzahl der Unternehmen (53 %) an von unlauterem Wettbewerb betroffen zu sein. Erst danach folgt die Schutzrechtsverletzung in Form von Patentverletzungen auf Platz zwei (VDMA 2016).

Um den Prozess des Reverse Engineerings besser zu verstehen, dient das folgende Modell. Es basiert auf der Arbeit von *Jahnke* et al, die mit Hilfe der verschiedenen Ansätze in der Literatur (vgl. (Ingle 1994; Wang 2010; Otto und Wood 2001; Raja und Fernandes 2007; Guillory 2011) und weitere) ein achtstufiges Modell entwickelt haben. Abb. 2.4 zeigt dieses Modell des Reverse Engineering Prozesses, wobei, wie dargestellt, die Phasen nicht sequenziell, sondern auch parallel zueinander ablaufen können. Anders als die in der Literatur diskutierten Ansätze, ist dieses Modell um einen zusätzlichen Schritt erweitert, den sogenannten Kostenkalkulation (Jahnke et al. 2015).

Phase 1: Vorbereitung. In der ersten Phase des Reverse Engineering Prozesses wird zuerst das zu untersuchende Produkt ausgewählt. Anschließend werden der Ressourcenaufwand, die zeitlichen Rahmenbedingungen, Kostenaufwand, der benötigte Wissensaufwand und die Investitionsrentabilität abgeschätzt (Jahnke et al. 2015).

Phase 2: Demontage. In Phase zwei wird das Produkt demontiert, um es in unterschiedliche Komponenten aufzuteilen. Ziel ist es, den Aufbau des Produktes zu verstehen, also die verwendeten Materialien und ähnliches (Jahnke et al. 2015).

Phase 3: Funktionsbestimmung. Phase drei bildet eine sehr wichtige Phase, da hier den einzelnen Produktkomponenten Funktionen zugeordnet werden. Denn um die Funktionsweise

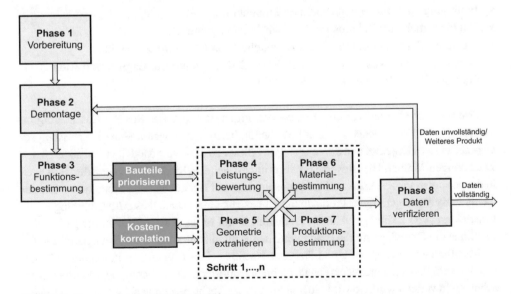

Abb. 2.4 Prozess des Reverse Engineerings

eines Produktes zu verstehen, müssen zuerst die Funktionen der einzelnen Komponenten analysiert werden. Anschließend werden die ermittelten Funktionen priorisiert, um zu unterscheiden welche Funktionen für die Funktionalität des Produktes unerlässlich sind (Jahnke et al. 2015).

Phase 4: Leistungsbewertung. Abgesehen von der Produktion reiner Fälschungen, bei denen nur das äußere Erscheinungsbild kopiert wird, ist dieser Schritt sehr wichtig. Denn ein Leistungsvergleich bildet die Basis für die Abschätzung des Produktpotenzials und für einen Vergleichswert, der den Leistungsvergleich der Imitation mit dem Original möglich macht. *Jahnke* et al. schlagen dazu den Kostenvergleich nach *Kaufmann* vor, sowie das House of Quality, um die Erfüllung der technischen Charakteristika zu überprüfen (Guillory 2011) und schließlich eine Analyse der Wettbewerber in Bezug auf Marktanteile etc. (Otto und Wood 2001; Kaufman und Sato 2005; Jahnke et al. 2015).

Phase 5: Geometrie extrahieren. Die Ermittlung der Geometrie des Produktes kann sowohl physisch als auch digital erfolgen. Dazu können 3D-Scanner eingesetzt werden, um die einfacheren Strukturen zu erkennen. Komplexere Strukturen können manuell gemessen werden. Dabei müssen über die eigentlichen Geometrien hinaus, auch die Toleranzbereiche bestimmt werden, in denen die Funktionalität des Produktes gewährleistet werden kann (Grote und Feldhusen 2014; Jahnke et al. 2015).

Phase 6: Materialbestimmung. Eine Möglichkeit das eingesetzte Material zu ermitteln, sind Tests im Labor. Dabei muss die Materialermittlung immer im Verhältnis zu den Zielen gesetzt werden, da die Ermittlung sehr schnell sehr kostspielig werden kann. Darüber hinaus können in Phase sechs auch Materialien ermittelt werden, die das Originalmaterial ersetzen. Solange dabei rechtliche Verpflichtungen und allgemeines Recht, technische Standards und Sicherheitsvorschriften, sowie eine Risikobewertung und die Bedeutung des Materials für die Funktionsfähigkeit beachtet werden (Jahnke et al. 2015).

Phase 7: Produktionsbestimmung. Um den Herstellungsprozess zu ermitteln sind vor allem Prozess-Know-how und Erfahrung notwendig. Unterstützen können dabei die Ergebnisse auf Phase vier, sowie die Lage und der Aufbau der Geometrie. Darüber hinaus können produktbezogene Kenngrößen wie die Rastergrößen, die Oberflächenqualität, der Schichtenaufbau, die Losgröße und ähnliches, sowie unternehmensbezogenen Parameter wie das Marktumfeld, die Lage der Produktionsstandorte, etc. Aufschluss über das eingesetzte Herstellungsverfahren geben (Jahnke et al. 2015).

Kostenkorrelation: Parallel zu Phase vier bis sieben, verläuft die Kostenkalkulation. Damit sich die Herstellung einer Produktimitation lohnt, müssen die möglichen Produktpiraten diese günstiger produzieren als der Originalhersteller. Zwar werden für die Produktion keine Entwicklungskosten als solche, sondern vielmehr Adaptionskosten betrachten. Daher ist es notwendig während des Reverse Engineering Prozesses und im speziellen während der Phasen vier bis sieben, den Aufwand für die Ermittlung der Leistungen, des Materials, der Geometrie und des Herstellungsprozesses in Bezug auf die zu erwartenden Gewinne zu setzten. Dies geschieht in diesem Schritt (Jahnke et al. 2015). So ist es für die Senkung der Nachahmungsattraktivität sinnvoll, den Aufwand in der Produktentstehung für die Ermittlung dieser vier Aspekte zu erhöhen, damit sich eine Nachahmung nicht mehr rentiert. Dies kann durch additive Produktschutzmaßnahmen erfolgen.

Phase 8: Daten verifizieren. In der letzten Phase des Reverse Engineering Prozesses müssen die ermittelten Daten überprüft werden. Dazu gehört auch die Erstellung von Prototypen, um die Funktionsfähigkeit *der* Imitation zu überprüfen. Falls die Verifikation Probleme offenbart, muss der Prozess erneut durchlaufen werden (Wang 2010; Jahnke et al. 2015).

2.3 Vorgehensmodelle zum Produktschutz

Bereits in der Vergangenheit wurden Verfahren erarbeitet, die zur Entwicklung eines effektiven Produktschutzes genutzt werden können. Im Rahmen dieser Arbeit werden die Vorgehensmodelle von *Meimann, Neemann* und *Kokoschka* vorgestellt und abschließend in prägnanter Weise bewertet.

2.3.1 Identifikation von Know-how-kritischen Produktinformationen nach *Meimann*

Meimann fokussiert seine Entwicklungen zum Vorgehensmodell auf die frühen Phasen der Produktentwicklung. Hierbei betrachtet er insbesondere den ganzheitlichen Know-how-Schutz von virtuellen Produktmodellen. Mit dem Vorgehensmodell soll es möglichen Plagiatoren erschwert werden Produkte zu kopieren. Im Wesentlichen besteht das Konzept aus einer Kombination von Methodiken und einem IT-Konzept zur Implementierung der Schutz-Methodik. Die Methodiken dienen zur Integration von Know-how-Schutz-Merkmalen in virtuelle Produktmodelle und zur kontrollierten Entfremdung von Modellen (Meimann 2010). Durch den Fokus auf die Entwicklung eines präventiven Schutzmechanismus wird auch die erstgenannte Methodik im Weiteren betrachtet.

Die Basis der Methodik ist die VDI-Richtlinie 2221. In dieser wird die Vorgehensweise zur Entwicklung von technischen Systemen und Produkten dargestellt (VDI 1993). Zentrale Aufgabenstellung bei der Entwicklung des ganzheitlichen Know-how-Schutzes ist die Bestimmung der hierfür relevanten Aspekte in den ersten Entwicklungsphasen. *Meimann* bezeichnet, bezugnehmend auf die VDI-Richtlinie 2221, die Phasen Produktplanung, Funktionsfindung und Prinziperarbeitung, die Anforderungsdefinition, Funktionsfindung sowie die Wirkstrukturmodellierung als frühe Phasen der Produktentwicklung. Im Rahmen der Methodik von *Meimann* sind vor allem die Funktionsfindung und Prinziperarbeitung relevant für die Entwicklung von notwendigen Schutzmaßnahmen. Das gesamte Vorgehensmodell ist in Abb. 2.5 dargestellt. Die Struktur der VDI-Richtlinie 2221 ist weiterhin gegeben, doch wurden Phasen zur Entwicklung des Know-how-Schutzes integriert (Meimann 2010).

Die beibehaltenen Vorgehensschritte aus der VDI-Richtlinie 2221 werden an dieser Stelle nicht weiter beleuchtet. Eine detaillierte Beschreibung dieser kann an der entsprechenden Stelle in der Richtlinie nachgeschlagen werden. Drei Phasen im Vorgehensmodell sind neu hinzugekommen. Diese werden im Folgenden genauer beschrieben:

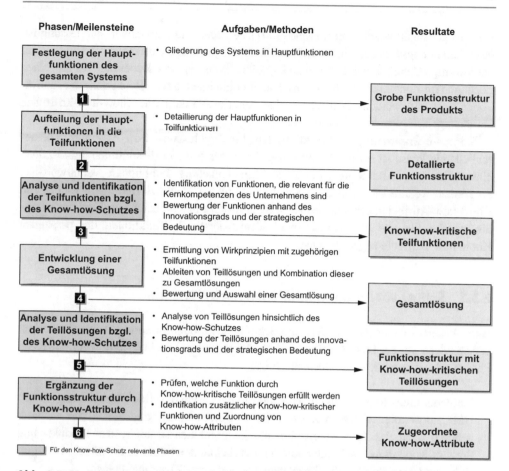

Abb. 2.5 Vorgehensmodell zur Identifikation von Know-how kritischen Produktinformationen nach *Meimann* (Meimann 2010)

3. Phase: Analyse und Identifikation der Teilfunktionen bzgl. des Know-how-Schutzes: Die bewehrte Funktionsstruktur wird durch Know-how-Attribute angereichert. Um dies zu erreichen müssen die als schützenswert identifizierten Funktionen die jeweiligen Attribute zugeordnet bekommen. Durch eine genaue Analyse der einzelnen Funktion in Bezug auf die Notwendigkeit eines Schutzattributs können die relevanten Teilfunktionen ermittelt werden. Die Phase gliedert sich in drei Schritte. Zunächst erfolgt die Identifikation der Produktfunktionen, die eine Kernkompetenz des Unternehmens darstellen. Die hierdurch bestimmten Produktfunktionen müssen hinsichtlich der Bewertungskriterien Innovationsgrad und strategische Bedeutung eingestuft werden. Den schützenswerten Funktionen wird abschließend ein Know-how-Attribut zugeordnet.

5. Phase: Analyse und Identifikation der Teillösungen bzgl. des Know-how-Schutzes: In dieser Phase werden die definierten Teillösungen hinsichtlich der beiden Kriterien Innovationsgrad und strategische Bedeutung bewertet. Zunächst findet die Bewertung des Innovationsgrads statt. Hierbei kann z. B. nach dem Vorgehen nach *Ehrlen-*

spiel vorgegangen werden (Ehrlenspiel 2007). Je neuer und innovativer eine Lösung ist, desto bedeutungsvoller ist diese tendenziell für das jeweilige Unternehmen. Um dies für das jeweilige Unternehmen zu verifizieren, sollte die strategische Bedeutung der einzelnen Lösungen im Kontext des Wettbewerbs, Patentmöglichkeiten oder Reichweite der Innovationen überprüft werden. Es resultiert eine Funktionsstruktur mit Know-how-kritischen Teillösungen.

6. Phase: Ergänzung der Funktionsstruktur durch Know-how-Attribute: Die abschließende Phase ist für die Überprüfung der in der 5. Phase bestimmten Teillösungen hinsichtlich des Abdeckungsgrades mit den einzelnen Funktionen verantwortlich. So können weitere Funktionen als Know-how-kritisch identifiziert werden, welche mit Know-how-Attributen gekennzeichnet werden. Insgesamt ergibt sich eine Funktionsstruktur, welche für alle als schützenswert identifizierten Teilfunktionen die passenden Know-how-Attribute zugeordnet hat.

2.3.2   Schutz vor Produktimitationen nach *Neemann*

Auch *Neemanns* Vorgehensmodell zum Schutz vor Produktimitationen beinhaltet sieben verschiedene Stufen. Das Modell ist in Abb. 2.6 zu sehen. Die Erläuterung der einzelnen Phasen erfolgt anschließend (Neemann 2007).

1. **Unternehmensinformationen ermitteln:** In dieser Phase ist die Modellierung mittels UML notwendig. Hierbei wird das gesamte Unternehmen betrachtet. Unter anderem gehören dazu das Produktportfolio, die Unternehmensstrategie, das Produkt- und Prozess-Know-how sowie die Sammlung an bekannten Schutzmaßnahmen. Es ergibt sich eine Übersicht über die Einzelelemente und deren Zusammenhänge.

2. **Kontextinformationen ermitteln:** Nach der Modellierung des Unternehmens gilt es dessen Umfeld mit Hilfe der UML zu modellieren. Informationen über die Kunden, Zulieferer und Absatzmärkte müssen dabei berücksichtigt werden. Besonders zu beachten sind die Originalprodukte und Imitate auf den Absatzmärkten.

3. **Technologie-Know-how strukturieren:** Die Identifikation des technologischen Know-hows steht im Fokus dieser Phase. Hierzu werden einige ausgewählte Produkte systematisch auseinandergenommen. Auf diese Weise kann die Funktions- und Produktstruktur analysiert werden. Die elementaren Produktkomponenten werden sogenannten Technologie-Know-how-Elementen zugeordnet. Eine Betrachtung und Bewertung der wettbewerbsrelevanten Know-how-Elemente ist von besonderem Interesse, um diejenige Produktfunktionen identifizieren zu können, die einen Wettbewerbsvorteil sichern. Durch die Zuordnung von Technologien entsteht eine Produkt-Know-how-Einteilung. Ähnlich geschieht dies mit den Prozessen. Es resultiert letzten Endes das gefährdete Produkt- und Prozess-Know-how.

4. **Schadenserwartungswerte ermitteln:** Klassischer Weise berechnen sich die Schadenserwartungswerte aus der Höhe des zu erwartenden Schadens multipliziert mit sei-

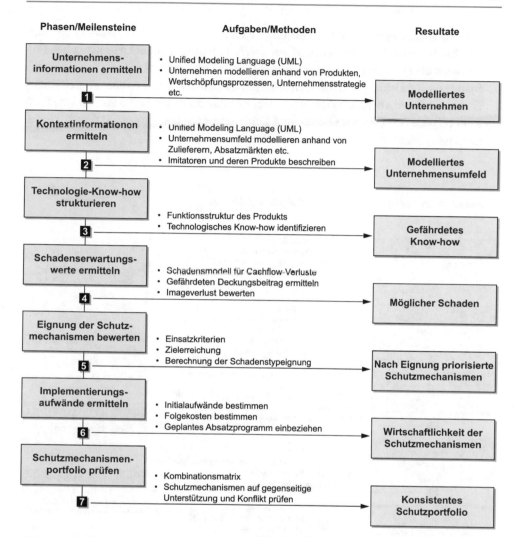

| Phasen/Meilensteine | Aufgaben/Methoden | Resultate |

Abb. 2.6 Vorgehensmodell zum Schutz vor Produktimitationen nach *Neemann* (Neemann 2007)

ner Eintrittswahrscheinlichkeit. Es müssen Faktoren wie Cashflow-Verlust, Imageverlust und Kosten für Produkthaftungsprozesse berücksichtigt werden. Einflussfaktoren wie Marktgröße, Produktpreis und Technologieniveau spielen in die Betrachtung der Eintrittswahrscheinlichkeit mit ein.

5. **Eignung der Schutzmechanismen bewerten**: Durch die Betrachtung dreier Faktoren können die einzelnen Schutzmaßnahmen bewertet werden. *Neemann* nennt hierfür die Einsatzkriterien, die er spezifisch für jede Maßnahme erarbeitet hat, die Schadenstypeignung, welche die jeweilige Art der Imitation beschreibt und die Zielrichtung, ob eine entsprechende Maßnahme auch gegen die Schadenserwartungen wirkt. In Summe ergeben sich Schutzmechanismen.

6. **Implementierungsaufwände ermitteln:** Nicht jeder Schutzmechanismus ist wirtschaftlich. Deshalb gilt es basierend auf den Initialaufwänden und den jährlichen Folgekosten die gesamten Implementierungskosten zu bestimmen.
7. **Schutzmechanismenportfolio auf Konsistenz prüfen:** Um konsistente Schutzmechanismen zu erhalten, muss mit Hilfe einer Kombinationsmatrix das entstandene Portfolio bewertet werden. Konsistente und sich gegenseitig unterstützende Schutzmechanismuskombinationen sollten priorisiert werden.

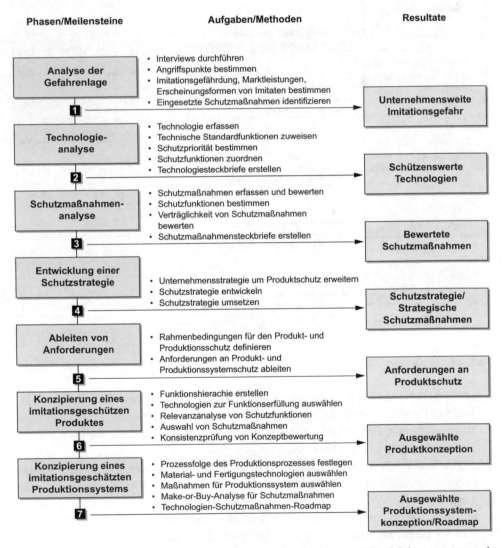

Abb. 2.7 Vorgehensmodell zur Schutzkonzipierung für Produkte und Produktionssysteme nach *Kokoschka* (Kokoschka 2013)

2.3.3 Schutzkonzipierung für Produkte und Produktionssysteme nach *Kokoschka*

Kokoschka entwickelte ein sieben-phasiges Vorgehensmodell zum Schutz von Produkten und Produktionssystemen. Dieses Modell ist in Abb. 2.7 dargestellt (Kokoschka 2013). Im Fokus steht die Produktkonzipierung. Unabhängig von spezifischen Produkten und Produktionssystemen finden die ersten vier Schritte statt. Hier werden die allgemeinen Gefahren von Piraterie und Imitationen für das jeweilige Unternehmen bestimmt.

1. **Analyse der Gefahrenlage:** In der ersten Phase muss die Gefahrenlage für Imitationen bestimmt werden. Hierfür kann die im Rahmen der Forschungsoffensive „Innovationen gegen Produktpiraterie" entwickelte Bedarfsanalyse für Produktschutz genutzt werden. Eine genauere Erläuterung findet sich beispielsweise in *Lindemann* et al. oder *Meiwald*. Die Ermittlung von Angriffspunkten kann z. B. durch Interviews ermittelt werden. Die Analyse der verschiedenen Marktleistungen und Marktregionen liefert zusätzlich Informationen über Imitationsgefahren. Abschluss der ersten Phase bildet die Betrachtung der vom Unternehmen bereits eingesetzten Schutzmaßnahmen (Lindemann et al. 2012b; Meiwald 2011).

2. **Technologieanalyse:** Bei der Technologieanalyse werden diejenigen Technologien identifiziert, welche aus Sicht des Unternehmens besonders zu schützen sind. Hierzu werden die verschiedenen Technologien aus Produkten, Materialien oder auch der Produktion bestimmt. Die identifizierten Technologien werden durch individuelle, unternehmensspezifische Standardfunktionen abgebildet. Alle Technologien werden durch Nomen-Verb-Kombinationen vereinfacht dargestellt. Anschließend müssen die Technologien hinsichtlich der Schutzbedürftigkeit priorisiert werden. Die am höchsten priorisierten Technologien bekommen Schutzfunktionen zugeordnet. Durch dieses Vorgehen können Schutzmaßnahmen und Technologien direkt miteinander verbunden werden. Die Ergebnisse werden in Form von Technologiesteckbriefen in einer Innovations-Datenbank gesammelt.

3. **Schutzmaßnahmenanalyse:** Diese Phase dient der Sammlung und Bewertung aller bekannten Schutzmaßnahmen. Hierbei wird auf drei Quellen zurückgegriffen. Es werden die Schutzmaßnahmen von *Lindemann* et al., *Meiwald* und *Gausemeier* et al. berücksichtigt. Die Bewertung der Maßnahmen findet nach drei Kriterien statt: Implementierungsaufwand, Einsatzpotenzial und Schutzwirkung. Für die positiv bewerteten Maßnahmen werden anschließend die Schutzfunktionen bestimmt. Es wird somit eine Verbindung zwischen Schutzmaßnahmen und Schutzfunktionen erzeugt (Lindemann et al. 2012a; Meiwald 2011; Gausemeier et al. 2012).

4. **Entwicklung einer Schutzstrategie:** Die Ergebnisse aus den vorherigen Phasen müssen nun in eine Schutzstrategie überführt werden. Diese ist direkt mit der Unternehmensstrategie verbunden. Die Erweiterung der bestehenden Unternehmensstrategie um den Aspekt des Produktschutzes, trägt dazu bei, dass dieser in zukünftigen Planungen größere Beachtung findet.

5. **Ableiten von Anforderungen:** Wie bereits in der Einführung erwähnt, ist dies die erste Phase, in der produktspezifische Betrachtungen stattfinden. Die bisherigen Phasen waren unabhängig von spezifischen Produkten. Für das neu zu entwickelnde Produkt bzw. Pro-

duktionssystem müssen Anforderungen hinsichtlich des Produktschutzes definiert werden. Basierend auf den Rahmenbedingungen werden alle Anforderungen in einer Anforderungsliste gesammelt. Die Entwicklung des Produktes und des Produktionssystems kann parallel erfolgen, auch wenn die beiden Phasen im Modell nacheinander aufgeführt werden.

6. **Konzipierung eines imitationsgeschützten Produktes:** Die Konzipierung des Produkts beginnt mit der Erstellung einer Funktionshierarchie. Als Basis wird die Gesamtfunktion angesehen. Es folgend die Haupt- und Teilfunktionen. Durch die Formulierung mit unternehmensspezifischen Standardfunktionen, können bewährte Methoden wie ein morphologischer Kasten genutzt werden, um die geeignetsten Technologien zur Erfüllung der Funktionen zu bestimmen. Diesen Technologien werden Schutzmaßnahmen zugeordnet. Beachtet werden muss, welche der Schutzfunktionen von besonderem Wert sind. Diese gilt es priorisiert zu berücksichtigen. Die ausgewählten Schutzmaßnahmen und Technologien müssen auf ihre Konsistenz überprüft werden.

An dieser Stelle ist es wahrscheinlich, dass verschiedene prinzipielle Lösungen vorliegen. Die Lösungen setzen sich aus Technologien und Schutzmaßnahmen zusammen. Die Bewertung der Konzepte anhand ihrer Schutzwirkung und des mit der Implementierung verbundenen Aufwandes kann beispielsweise in einem übersichtlichen Portfolio stattfinden.

7. **Konzipierung eines imitationsgeschützten Produktionssystems:** Zum Abschluss muss noch eine Prozessreihenfolge festgelegt werden. Basierend auf der Prinziplösung kann die Baustruktur des Produktes ermittelt werden. Welche der Baugruppen ggf. extern gefertigt werden darf, kann mit Blick auf die Schutzprioritäten der im Produkt geplanten Technologien entschieden werden. Je höher der notwendige Schutz ist, desto eher sollten die Baugruppen intern gefertigt werden. Die Auswahl der Schutzmaßnahmen findet analog zur Auswahl in Schritt 6 statt. Die ausgewählten Maßnahmen können selbst entwickelt oder auch zugekauft werden. Diese Maßnahmen müssen dann in den Fertigungsprozess integriert werden. Abschließend kann eine Technologien-Schutzmaßnahmen-Roadmap erstellt werden.

Literatur

Ehrlenspiel, K. (2007): Integrierte Produktentwicklung – Denkabläufe, Methodeneinsatz, Zusammenarbeit. Carl Hanser Verlag, München, 3. Auflage

Grote, K.-H.; Feldhusen, J. (2014): Dubbel: Taschenbuch für den Maschinenbau. 24. Auflage. Berlin Heidelberg New York: Springer-Verlag

Gausemeier, J.; Glatz, R.; Lindemann, U. (Hrsg.) (2012): Präventiver Produktschutz – Leitfaden und Anwendungsbeispiele. Carl Hanser Verlag, München

Guillory, J. B. (2011): Foundations of a Reverse Engineering Methodology. The University of Texas at Austin, Master Thesis, Texas

Ingle, K. A. (1994): Reverse Engineering. McGraw-Hill, New York

Jahnke, U.; Büsching, J.; Reiher, T.; Koch, R. (2015): Protection measures against product piracy and application by the use of AM. Proceedings of Solid Freeform Fabrication Symposium, 10.–12. August 2015, Austin, Texas

Köster, O. (2012a): Folgen der Produktpiraterie – Welche Konsequenzen zieht Produktpiraterie nach sich? In: Gausemeier, J.; Glatz, R.; Lindemann, U. (Hrsg.): Präventiver Produktschutz – Leitfaden und Anwendungsbeispiele. Carl Hanser Verlag, München

Köster, O. (2012b): Imitat, Plagiat, Fälschung – Was ist was und was ist (il)legal? In: Gausemeier, J.; Glatz, R.; Lindemann, U. (Hrsg.): Präventiver Produktschutz – Leitfaden und Anwendungsbeispiele, Carl Hanser Verlag, München

Kokoschka, M. (2012): Kategorisierung von Schutzmaßnahmen. In: Gausemeier, J.; Glatz, R.; Lindemann, U. (Hrsg.): Präventiver Produktschutz – Leitfaden und Anwendungsbeispiele. Carl Hanser Verlag, München

Kokoschka, M. (2013): Verfahren zur Konzipierung imitationsgeschützter Produkte und Produktionssysteme. Dissertation, Universität Paderborn, HNI-Verlagsschriftenreihe, Band 313, Paderborn

Kaufman, J. J.; Sato, Y. (2005): Value Analysis Tear-down. A New Process for Product Development and Innovation. Industrial Press, New York

Lindemann, U.; Meiwald, T.; Petermann, M; Schenkl, S. (2012a): Know-how-Schutz im Wettbewerb – Gegen Produktpiraterie und unerwünschten Wissenstransfer. Springer, Berlin

Lindemann, U.; Meiwald, T.; Petermann, M; Schenkl, S., Kokoschka, M. (2012b): Bedarfsanalyse Produktschutz. In: Gausemeier, J.; Glatz, R.; Lindemann, U. (Hrsg.): Präventiver Produktschutz – Leitfaden und Anwendungsbeispiele. Carl Hanser Verlag, München

Mechanical Engineering Blog (2011): Mechanical Engineering: A Complete Online Guide for Every Mechanical Engineer. Online unter: http://www.mechanicalengineeringblog.com/2245-reverse-engineering-re-reverse-engineering-in-mechanical-parts-reverse-engineering-softwares-Version, am 5. Mai 2011

Meimann, V. (2010): Ein Beitrag zum ganzheitlichen Know-how-Schutz von virtuellen Produktmodellen in Produktentwicklungsnetzwerken. Dissertation, Ruhr-Universität Bochum, Bochum

Meiwald, T. (2011): Konzepte zum Schutz vor Produktpiraterie und unerwünschtem Knowhow-Abfluss. Dissertation, Fakultät für Maschinenwesen, Technische Universität München, München

Meier, H.; Völker, O.; Binner, S. M. (2008): Ein ganzheitlicher aktiver Ansatz zum Schutz gegen Produktpiraterie. Industrie Management, GITO Verlag

Neemann, C. W. (2007): Methodik zum Schutz gegen Produktimitationen, Dissertation, Fraunhofer-Institut für Produktionstechnologie IPT, Aachen, Shaker Verlag, Band 13/2007, Aachen

Otto, K. N.; Wood, K. L. (2001): Product design: Techniques in Reverse Engineering and new product development. Prentice Hall, Upper Saddle River, New Jersey

Raja, V.; Fernandes, K. J. (2007): Reverse Engineering: An Industrial Perspective. Springer, Berlin Heidelberg

Schnapauff, K. (2009): Präventiver Nachahmungsschutz bei technischen Produkten – für industrielle oder professionelle Anwendungen. Dissertation, Fakultät Wirtschaftswissenschaften, Technische Universität München, München

Schöne, C.; Stelzer, R. (2009): Reverse Engineering im Spannungsfeld zwischen Produktentwicklung und Produktpiraterie. 7. Gemeinsames Kolloquium Konstruktionstechnik Institut für Maschinenelemente und Maschinenkonstruktion, Lehrstuhl Konstruktionstechnik/CAD, Technische Universität Dresden

Voigt, K.-I.; Blaschke, M.; Scheiner, C. W. (2008): Einsatz und Nutzen von Innovationsschutzmaßnahmen im Kontext von Produktpiraterie. In: Specht, D. (Hrsg.): Produkt- und Prozessinnovationen in Wertschöpfungsketten – Tagungsband der Herbsttagung 2007 der Wissenschaftlichen Kommission Produktionswirtschaft im VHB. Gabler Edition Wissenschaft, Wiesbaden, S. 85–106

Verein Deutscher Ingenieure (VDI) 2221 (1993): Methodik zum Entwickeln und Konstruieren technischer Systeme und Produkte. Beuth Verlag, Berlin

VDMA – Arbeitsgemeinschaft Produkt- und Know-how-Schutz (2016): VDMA Studie Produktpiraterie. Unter: http://www.vdma.org/documents/105969/1437332/VDMA%20Studie%20Produktpiraterie%202016/d519cd4e-ca05-4910-b2cf-502a11f360db, am 10. Januar 2018

Wang, W. (2010): Reverse engineering. Technology of reinvention. CRC Press, Boca Raton

Von Welser, M.; Gonzales, A. (2007): Marken- und Produktpiraterie – Strategien und Lösungsansätze zu ihrer Bekämpfung. WILEY-VCH Verlag, Weinhei

Instrumentarium für Produktschutz

3

Katharina Altemeier, Daniel Eckelt, Maximilian Frank,
Ulrich Jahnke und Daniel Kliewe

Das Instrumentarium zum Schutz gegen Produktpiraterie befähigt Unternehmen dazu, die richtigen Entscheidungen im Bereich des Produktschutzes zu treffen. Beginnend mit einer Analyse der Bedrohungslage bis hin zu der Bündelung von Schutzmaßnahmen wurden im Projektkonsortium Methoden entwickelt, durch deren Anwendung sich Unternehmen vor Produktpiraterie schützen können. Im Abschn. 3.1 wird das entwickelte Instrumentarium anhand eines Praxisbeispiels vorgestellt. Als Informationsquelle zu Schutzmöglichkeiten wird außerdem eine Datenbank mit verschiedenen Schutzmaßnahmen vorgestellt, auf die

K. Altemeier (✉)
Produktentstehung, Fraunhofer IEM, Paderborn, Deutschland
E-Mail: katharina.altemeier@iem.fraunhofer.de

D. Eckelt
Program Management, HELLA GmbH & Co. KGaA, Lippstadt, Deutschland
E-Mail: daniel.eckelt@hella.com

M. Frank
Advanced Systems Engineering, Heinz Nixdorf Institut, Paderborn, Deutschland
E-Mail: Maximilian.Frank@hni.uni-paderborn.de

U. Jahnke
Additive Marking GmbH, Paderborn, Deutschland
E-Mail: ulrich.jahnke@additive-marking.de

D. Kliewe
Digital Factary, HOMAG Group, Herzebrock-Clarholz, Deutschland
E-Mail: danielkliewe@web.de

© Springer-Verlag GmbH Deutschland, ein Teil von Springer Nature 2020
C. Plass (Hrsg.), *Prävention gegen Produktpiraterie*, Intelligente Technische
Systeme – Lösungen aus dem Spitzencluster it's OWL,
https://doi.org/10.1007/978-3-662-58016-5_3

Unternehmen bei Bedarf zugreifen können. Der Bezug auf die Forschungsschwerpunkte des Spitzenclusters – Intelligente Technische Systeme OstWestfalenLippe – wird insbesondere in Abschn. 3.2 hergestellt. In diesem findet eine detaillierte Betrachtung der Schutzanforderungen und neuen Schutzmöglichkeiten für ebendiese Systeme statt. Darüber hinaus werden die aktuell viel diskutierten Möglichkeiten der additiven Fertigung analysiert, die neue Schutzoptionen bieten, um in der Produktfertigung bereits Maßnahmen zu integrieren, die die Produktion von Imitaten erschweren. Diese Aspekte werden in Abschn. 3.3 dargelegt. Die einzelnen Methoden und Verfahren werden anhand von Praxisbeispielen erläutert, die im Rahmen von Transferprojekten erarbeitet wurden.

3.1   Entwicklung eines Produktschutzmechanismus

Für einen wirksamen Produktschutz sind einzelne Maßnahmen oft nicht ausreichend. Es bedarf umfassender Schutzkonzeptionen, die technische, organisatorische und rechtliche Maßnahmen bündeln und die auf die jeweilige unternehmensspezifische Bedrohungssituation zugeschnitten sind. Ziel des Projekts war ein auch für KMU gut praktikables Instrumentarium zum Aufbau ganzheitlicher Schutzkonzeptionen. Abschn. 3.1.1 stellt die Bedrohungsanalyse vor, welche der Ermittlung der individuellen Bedrohungslage dient. Die Abschn. 3.1.2 bis 3.1.4 erläutern die Entwicklung konsistenter Schutzkonzeptionen, deren Bewertung und Operationalisierung. Abschn. 3.1.5 zeigt eine Möglichkeit zur Wirtschaftlichkeitsanalyse von Schutzmaßnahmen auf. Abschließend wird in Abschn. 3.1.6 eine Schutzmaßnahmendatenbank vorgestellt. Die Methoden wurden u. a. in einem Innovationsprojekt mit dem Anwenderunternehmen HAVER & BOECKER erprobt und werden im Folgenden anhand dieses Beispiels erläutert.

Produktschutzprojekt „Maschinen und Anlagen zum Abfüllen von Schüttgütern"
Die aktuell boomende Nachfrage nach Beton macht beispielsweise auch den Markt für Abfüllanlagen für Zement und Baustoffe sehr attraktiv. Diese Attraktivität erkennen auch die Produktimitatoren, weshalb das Risiko von Produktpiraterie in dieser Branche als hoch einzustufen ist. Eine drastische Fälschung auf dem chinesischen Markt hebt die Bedeutung ganzheitlicher Schutzkonzeptionen für das mittelständische Unternehmen hervor. Hier wurde ein Teil des Firmennamens schlichtweg von einer chinesischen Firma übernommen; der resultierende Schaden für das Unternehmen ist immens. HAVER & BOECKER setzt daher auf den präventiven Produktschutz, um ihre Produkte frühzeitig – bereits während der Produktentstehung – zu schützen und Imitationen rechtzeitig zu erkennen.

Die Maschinen und Anlagen zum Abfüllen von Schüttgütern sind technologisch hoch ausgereifte Produkte, die ein breites Know-how voraussetzen. Im Zuge der Weiterentwicklung drängte sich die Frage nach innovativen, technischen Schutzmaßnahmen und ganzheitlichen Schutzkonzeptionen auf. Die Integration des Produktschutzes in die frühen Phasen der Produktentwicklung wurde im Rahmen des Innovationsprojekts stark hervorgehoben. Bei HAVER & BOECKER wurde hierfür ein Team u. a. aus Strategieexperten, Entwicklern, Juristen und anliegenden Bereichsverantwortlichen zusammengestellt.

Herausforderungen für das Unternehmen:

* Identifizierung der individuellen Bedrohungslage und Realisierung eines umfassenden Produktschutzes auf Basis von Schutzmaßnahmen
* Integration des Produktschutzes in die frühen Phasen der Produktentwicklung und organisatorische Verknüpfung der entsprechenden Mitarbeiter
* Sensibilisierung der kompletten Belegschaft für das Thema Produktpiraterie

Durch die Einführung neuer Technologien im Baustoff- und Bauchemiesektor werden immer mehr Papiersäcke durch Kunststoffsäcke abgelöst. Wesentlicher Vorteil dieser Technik ist der deutlich bessere Schutz des Produktes vor Feuchte und anderen Faktoren aus der Umgebung, die saubere Verpackung und das höherwertige Erscheinungsbild. Während große Gebinde (ab 25 kg) bereits in Kunststoffsäcken abgepackt werden können, ist die nötige Technologie für Kleingebinde noch nicht ausgereift. HAVER & BOECKER orientiert sich mit der Weiterentwicklung der Kleingebinde-Abfüllanlage für Kunststoffsäcke an den sich wandelnden Anforderungen der Kunden und setzt einen technologischen Meilenstein.

3.1.1   Strukturierungsrahmen zur Bedrohungsanalyse

Die Herausforderung zum Schutz von Produkten vor Fälschung oder Plagiat resultiert aus der Vielschichtigkeit der Bedrohungen (Gausemeier et al. 2012; Lindemann et al. 2012). Bedrohungen ergeben sich u. a. im Umfeld und in der Struktur des Unternehmens (Rahmenbedingungen), in den Wirkbereichen der Geschäftsleitung (Unternehmensführung) und in der Art und Weise der Leistungserstellung (Produktmanagement). Um alle Bedrohungen zu erfassen, wurde ein Strukturierungsrahmen entwickelt, welcher der systematischen Analyse des Unternehmens und ausgewählter Produkte dient (Abb. 3.1).

Der Strukturierungsrahmen sieht neun Suchfelder vor, die in den Rahmenbedingungen der Unternehmung, der Unternehmensführung und im Produktmanagement angesiedelt sind. Für jedes Suchfeld werden Analysekriterien (z. B. Kundenstruktur, Geschäftsmodell, Innovationsgrad) und -methoden (z. B. Interview, Prozessanalyse, Wirkstrukturanalyse) definiert. Das Ziel der Analyse ist die Bestimmung der spezifischen Gefährdungslage jedes Kriteriums. Kriterien, denen eine hohe Gefährdung beigemessen wird, stellen Bedrohungsfelder dar. Die Bedrohungsfelder sind Einfallstore für Produktpiraten (Eckelt et al. 2014). Beispielhaft gilt die Kundenstruktur als Bedrohungsfeld, wenn der Kontakt zum Kunden nur indirekt erfolgt und die Anzahl der Kundengruppen niedrig ist. Durch die geringe Kundennähe ist eine feste Bindung zwischen dem Originalhersteller und dem Kunden nur schwer zu realisieren. Die Nachteile von Nachahmungen und die damit verbundenen Risiken können kaum bis gar nicht kommuniziert werden. Diese Kunden greifen in der Regel häufiger zu Fälschungen oder Plagiaten. Ferner hätte der Wegfall einer Kundengruppe durch Produktpiraterie gravierende Auswirkungen auf den Erfolg des Originalherstellers, da dieser insgesamt nur wenige Kundengruppen bedient (Lindemann et al. 2012). Nur durch die frühzeitige Definition von Schutzmaßnahmen kann das Risiko gemindert werden.

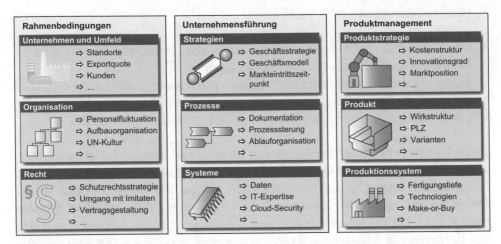

Abb. 3.1 Strukturierungsrahmen Bedrohungsanalyse: Neun Suchfelder und beispielhafte Analysekriterien zur Identifikation von Bedrohungsfeldern (Eckelt und Gausemeier 2015)

Die neun Suchfelder (SF) des Strukturierungsrahmens sind: Unternehmen und Umfeld (SF 1), Organisation (SF 2), Recht (SF 3), Strategien (SF 4), Prozesse (SF 5), Systeme (SF 6), Produktstrategie (SF 7), Produkt (SF 8) und Produktionssystem (SF 9). Die SF 1–3 beschreiben Rahmenbedingungen, die SF 4–6 beziehen sich auf die Unternehmensführung, während die SF 7–9 das Produktmanagement untersuchen. Zur Durchführung von Interviews im Rahmen der Bedrohungsanalyse wurde ein detaillierter Gesprächsleitfaden entwickelt, der auf ca. siebzig Analysekriterien basiert. Zu jedem SF werden Experten befragt; die Spanne reicht vom Management bis zum Facharbeiter und kann beliebig skaliert werden. Im SF 2 werden beispielsweise Innovationsmanager befragt, welche Innovationsstruktur sie verfolgen. Ein „First-Mover"-Ansatz bietet einen guten Imitationsschutz (niedrige Gefährdungsklasse), wohingegen der „Late-Follower"-Ansatz ein Bedrohungspotenzial (hohe Gefährdungsklasse) darstellt. Anhand eines standardisierten Auswertungsbogens können die Antworten des Unternehmens interpretiert und Bedrohungsfelder identifiziert werden. Ferner werden in einzelnen Suchfeldern Analysemethoden wie die Prozessanalyse mit OMEGA (Objektorientierte Methode zur Geschäftsprozessmodellierung und Analyse) zur Konkretisierung des Sachverhalts eingesetzt (Gausemeier und Plass 2014). Dieses systematische Vorgehen wurde anhand des Innovationsprojekts bei HAVER & BOECKER erprobt.

3.1.2 Entwicklung konsistenter Schutzkonzeptionen

Aufbauend auf dem Rahmenkonzept zur Bedrohungsanalyse wurde ein sechsstufiges Vorgehen zur Entwicklung konsistenter Schutzkonzeptionen erarbeitet (Abb. 3.2). Das Vorgehen gliedert sich in die Phasen Bedrohungsfelder identifizieren (Phase 1), Schlüsselbedrohungsfelder ermitteln (Phase 2), Bedrohungen konkretisieren (Phase 3), Schutzmaßnahmen zuordnen (Phase 4), konsistente Schutzmaßnahmenbündel ermitteln (Phase 5) und Schutzkonzepte beschreiben (Phase 6).

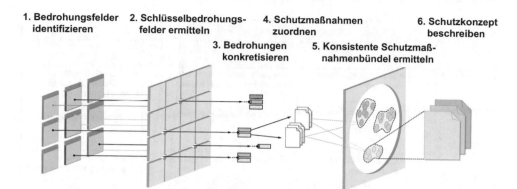

**1. Bedrohungsfelder
identifizieren**

**2. Schlüsselbedrohungs-
felder ermitteln**

**4. Schutzmaßnahmen
zuordnen**

**6. Schutzkonzept
beschreiben**

**3. Bedrohungen
konkretisieren**

**5. Konsistente Schutzmaß-
nahmenbündel ermitteln**

Abb. 3.2 Vorgehen zur Entwicklung konsistenter Schutzkonzeptionen (Eckelt und Gausemeier 2015)

1. **Bedrohungsfelder identifizieren:** Hier werden die Ergebnisse der Interviews und Workshops, die im Rahmen der Bedrohungsanalyse durchzuführen sind, anhand eines Auswertungsbogens interpretiert und über ein einheitliches Darstellungsschema visualisiert. Zur Beurteilung der Bedrohungslage werden die einzelnen Analysekriterien in fünf Gefährdungsklassen (1–5) eingestuft. Diese Zuordnung basiert auf Ergebnissen wissenschaftlicher Untersuchungen wie beispielsweise der VDMA Studie Produktpiraterie (VDMA 2016a). Das Ergebnis dieser Phase sind Bedrohungsfelder, die im Folgenden näher analysiert werden müssen.
2. **Schlüsselbedrohungsfelder ermitteln:** Die Bedrohungsfelder werden hinsichtlich der Relevanz für das Unternehmen und ihres Schadenspotenzials bewertet. Über die Darstellung in einem Portfolio werden die Bedrohungsfelder mit der größten Relevanz für das Unternehmen und dem größten Schadenspotenzial ausgewählt. Diese Auswahl nennen wir Schlüsselbedrohungsfelder.
3. **Bedrohungen konkretisieren:** Die Schlüsselbedrohungsfelder sind nicht präzise; es fehlen Informationen über die Ursachen der Bedrohungen. Eine effektive Zuordnung von Schutzmaßnahmen ist zu diesem Zeitpunkt noch nicht möglich. Zur Konkretisierung der Bedrohungen müssen die Ursachen identifiziert werden. Es hat sich gezeigt, dass eine „*Warum?*-Frage" diesen kognitiven Arbeitsschritt bestmöglich systematisiert. Das Ergebnis dieser Phase sind präzise formulierte Bedrohungen, die die Zuordnung von Schutzmaßnahmen ermöglichen.
4. **Schutzmaßnahmen zuordnen:** In der vierten Phase werden den Bedrohungen Schutzmaßnahmen zugeordnet. Hierzu wird eine Matrix, die sich am Aufbau des *Morphologischen Kastens* (Zwicky 1989; Fleischer und Theumert 2009) orientiert, mit den zuvor ermittelten Bedrohungen in den Zeilen und potenziellen Schutzmaßnahmen in den Spalten befüllt (Abb. 3.3). Gausemeier et al. haben bereits diverse Schutzmaßnahmen ermittelt und in dem Buch „Präventiver Produktschutz" zusammengefasst (Gausemeier et al. 2012). Darüber hinaus sollten neue und bereits im Unternehmen bestehende Schutzmaßnahmen in Kreativitäts-Workshops erarbeitet und den Bedrohungen zugeordnet werden. Je Bedrohung (Zeile) können mehrere Schutzmaßnahmen in die Matrix ge-

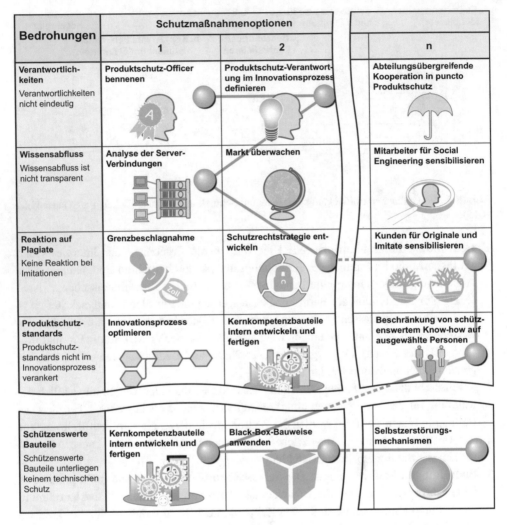

Abb. 3.3 Zuordnungsmatrix zur Auswahl von Schutzmaßnahmen

schrieben werden. Diese schließen sich teilweise aus, ergänzen sich oder verhalten sich
neutral zueinander. Schutzmaßnahmen können auch mehrfach in die Matrix geschrieben
werden; dies birgt Potenziale für Synergieeffekte. Die Bedrohungen in Abb. 3.3 sind
fiktiv und entsprechen nicht der Bedrohungslage des Validierungsunternehmens.

5. **Konsistente Schutzmaßnahmenbündel ermitteln:** Die Ermittlung der Schutzmaßnahmenbündel erfolgt auf Grundlage der paarweisen Bewertung der Konsistenz von Schutzmaßnahmen. Ein Schutzmaßnahmenbündel ist demnach eine in sich konsistente Kombination von Schutzmaßnahmen; ein Schutzmaßnahmenbündel besteht also aus solchen
   Schutzmaßnahmen, die gut zusammenpassen (Abb. 3.3, eingezeichneter Pfad). Es ist
   durchaus erstrebenswert mehrere Schutzmaßnahmen je Bedrohung in ein Schutzmaßnahmenbündel aufzunehmen, wenn sich hierdurch die Schutzwirkung insgesamt erhöht.

6. **Schutzkonzepte beschreiben:** Hierzu werden die Bedrohungen und ausgewählten Schutz-maß-nahmen zusammenhängend ausformuliert. Die sogenannten Schutzkonzeptionen basieren auf den Beschreibungen der Bedrohungen und Schutzmaßnahmen eines Maßnahmenbündels. Sie sollten verständlich und leicht kommunizierbar sein. Synergien, die entstehen, weil mehrere Bedrohungen durch die Anwendung einer Schutzmaßnahme gesichert werden, sind besonders hervorzuheben. Das Ergebnis dieser Phase sind alternative Schutzkonzeptionen, deren Vor- und Nachteile im Kontext des gegebenen Untersuchungsfelds bewertet werden müssen. Dieses Vorgehen wird im nächsten Abschnitt erläutert.

3.1.3 Bewertung alternativer Schutzkonzeptionen

Schutzkonzeptionen beschreiben Maßnahmenbündel zur Sicherung der Investitionen in Forschung und Entwicklung. Sie sind in sich schlüssig, können aber untereinander sehr verschieden sein. Unsere Erfahrung zeigt, dass Schutzkonzeptionen eine grundlegende strategische Ausrichtung aufweisen. Es ist also eine Frage der Unternehmensstrategie im Umgang mit Produktimitationen, welche Schutzkonzeption umgesetzt werden soll. Es wird in diesem Zusammenhang zwischen zwei grundlegenden Strategien unterschieden. Zunächst kann eine Strategie so gewählt werden, dass sie allen bzw. zumindest dem größten Teil der Schutzkonzeptionen gerecht wird. Dies ist eine sogenannte robuste Strategie, die freilich mit der Vergeudung von Ressourcen verbunden ist. In der Regel empfehlen wir jedoch die fokussierte Strategieentwicklung. Eine fokussierte Strategie ist konsequent auf eine Schutzkonzeption ausgerichtet. Das Portfolio in Abb. 3.4 erleichtert die Auswahl der erarbeiteten Schutzkonzeptionen. Es weist die folgenden zwei Dimensionen auf:

- Die **Schutzwirkung** gibt an, wie stark die Schutzkonzeption die identifizierten Bedrohungen reguliert. Wir kommen zu dieser Bewertung, indem wir uns Fragen: Wie sehr reduzieren die ausgewählten Schutzmaßnahmen die Bedrohungen? Wie zukunftsrobust sind die Schutzmaßnahmen? Wie hoch ist die Konsistenz der Schutzmaßnahmen? Die Antworten auf die Fragen sind nicht trivial und sollten demnach systematisch in der Befragung relevanter Mitarbeiter gefunden werden. Die Zukunftsrobustheit erfolgt im Abgleich mit Umfeld- und Technologietrends (siehe Absatz „Ermittlung der Zukunftsrobustheit").
- Der **Umsetzungsaufwand** ist ein Maß für die zu erbringenden Aufwendungen. Bei den Aufwendungen kann es sich um Investitionskosten, variable Kosten und Ressourcenbedarfe handeln. Ferner sind auch die Fragen nach der Kommunizierbarkeit der Schutzmaßnahmen und die Implementierungsdauer wichtig für die Ermittlung des Umsetzungsaufwands.

Im Portfolio in Abb. 3.4 ergeben sich drei charakteristische Bereiche:

- Eine hohe Bedeutung für die Strategieentwicklung haben Schutzkonzeptionen, die im oberen rechten Bereich liegen. In der Regel ist die für die fokussierte Strategieentwicklung zugrunde liegende Schutzkonzeption in diesem Bereich zu finden.

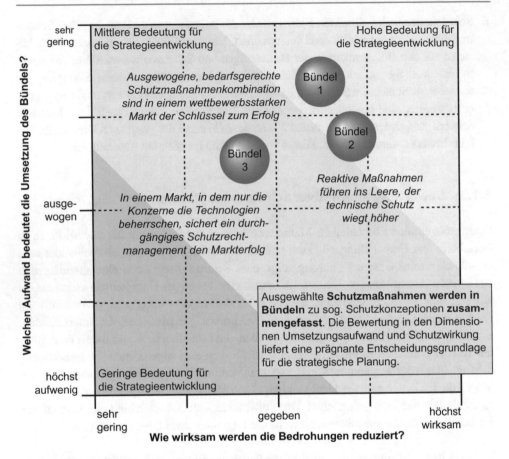

Abb. 3.4 Bewertung alternativer Schutzkonzeptionen

- Eine geringe Bedeutung für die Strategieentwicklung haben Schutzkonzeptionen, die im unteren linken Bereich liegen. Aufgrund ihrer geringen Schutzwirkung bei gleichzeitig hohem Umsetzungsaufwand sind diese Schutzkonzeptionen nicht relevant.
- Der diagonale Bereich ist differenziert zu betrachten. Beispielsweise bietet es sich bei der Position hohe Schutzwirkung und hoher Umsetzungsaufwand an, Alternativstrategien vorzubereiten, um bei nicht vorhergesehenen Risiken flexibel und handlungsfähig zu sein.

Ermittlung der Zukunftsrobustheit

Nachhaltige Schutzkonzeptionen berücksichtigen mögliche Entwicklungen der Zukunft; ihre Funktion ist auch bei wandelnden Einflüssen (neue Wettbewerber, technologischer Wandel etc.) gewährleistet. Für die Bewertung dieser Zukunftsrobustheit werden zunächst relevante Umfeld- und Technologieentwicklungen ermittelt. In der Literatur existieren zahlreiche Methoden der Vorausschau, wie z. B. Szenario-Techniken oder Trendanalysen (Gausemeier und Plass 2014). Im Rahmen dieser Arbeit wird die Trendanalyse priorisiert; sie liefert mit überschaubarem Aufwand mittelfristig relevante und konkrete Entwicklungen in

Umfeld- und Technologiebereichen. Zur Identifizierung von Trends stehen zahlreiche Informationsquellen zur Verfügung; i. d. R. sind relevante Trends bereits in der Unternehmensstrategie beschrieben. Weitere Quellen sind: Fachliteratur, Fachmessen, Experten, Patentanmeldungen etc. Für ein Beispiel seien folgende Umfeld- bzw. Technologietrends genannt: „Neuregulierung des europäischen Patentwesens" und „Digitalisierung und Smart Services" (Umfeld); „Additive Fertigungsverfahren" und „Cyber-Physical-Systems" (Technologie). In einer Konsistenzbewertung werden alle Schutzmaßnahmen einer Schutzkonzeption mit den identifizierten Trends gegenübergestellt. In Abb. 3.5 ist dies exemplarisch dargestellt.

Die Summe der Bewertungen der einzelnen Schutzmaßnahmen ergibt die Zukunftsrobustheit der jeweiligen Schutzkonzeption. Schutzkonzeptionen mit einer hohen Zukunftsrobustheit werden in ihrer Schutzwirkung höher eingestuft. Allgemein gilt, dass Schutzmaßnahmen mit unsicherer oder gar rückläufiger zukünftiger Schutzwirkung regelmäßig überprüft werden müssen.

3.1.4 Operationalisierung der ausgewählten Schutzkonzeption

Für die Operationalisierung der ausgewählten Schutzkonzeption bzw. der damit verbundenen Strategie empfehlen *Gausemeier* et al. die Erarbeitung überzeugender Konsequenzen und Maßnahmen bzw. Programme (Gausemeier und Plass 2014). Grundsätzlich beschreibt die Operationalisierung einen Prozess, wie die entwickelte Strategie in aktionsfähige Aufgaben umgewandelt wird. Gleichzeitig muss während der Operationalisierung sichergestellt werden, dass die Durchführung der Aufgaben die gewünschte Strategiewirkung entfacht.

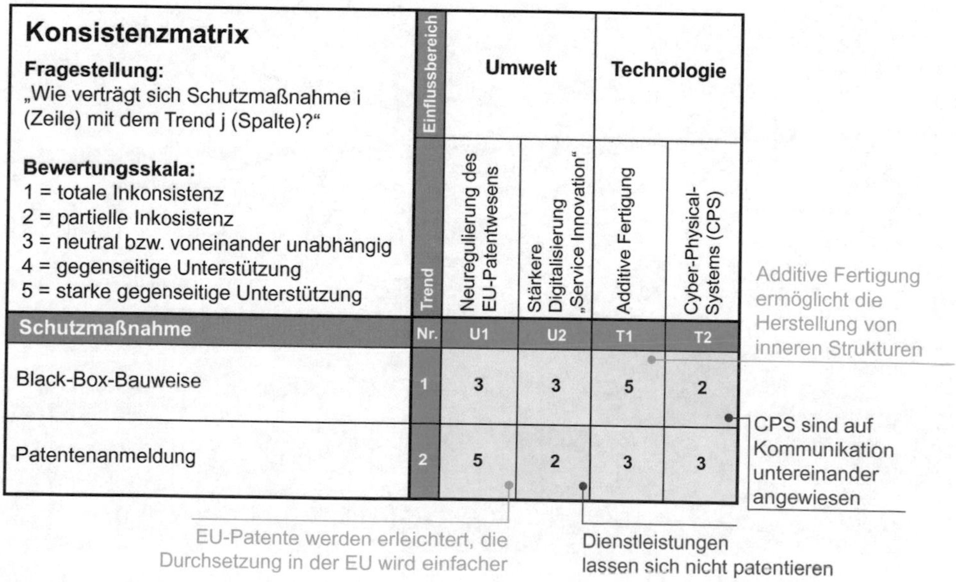

Konsistenzmatrix	Einflussbereich	Umwelt		Technologie	
Fragestellung: „Wie verträgt sich Schutzmaßnahme i (Zeile) mit dem Trend j (Spalte)?"					
Bewertungsskala: 1 = totale Inkonsistenz 2 = partielle Inkosistenz 3 = neutral bzw. voneinander unabhängig 4 = gegenseitige Unterstützung 5 = starke gegenseitige Unterstützung	Trend	Neuregulierung des EU-Patentwesens	Stärkere Digitalisierung „Service Innovation"	Additive Fertigung	Cyber-Physical-Systems (CPS)
Schutzmaßnahme	Nr.	U1	U2	T1	T2
Black-Box-Bauweise	1	3	3	5	2
Patentenanmeldung	2	5	2	3	3

Additive Fertigung ermöglicht die Herstellung von inneren Strukturen

CPS sind auf Kommunikation untereinander angewiesen

EU-Patente werden erleichtert, die Durchsetzung in der EU wird einfacher

Dienstleistungen lassen sich nicht patentieren

Abb. 3.5 Ermittlung der Zukunftsrobustheit

Zur erfolgreichen, nachhaltigen Operationalisierung der Strategie ist das Unternehmen bzw. der jeweilige Geschäftsbereich gemäß der in der Strategie verankerten strategischen Programme bzw. Konsequenzen und Maßnahmen weiterzuentwickeln. Konkret empfiehlt sich zur Umsetzungsplanung der sogenannte „Master Plan of Action". Insbesondere in größeren Unternehmen gibt es eine Vielzahl von Informationen im Zusammenhang mit der Strategieumsetzung. Das erfordert eine Informationsverdichtung, die zu einer plakativen Darstellung führt (Abb. 3.5). Die Darstellung eignet sich als zentrales Kommunikationsinstrument im Rahmen der Umsetzungsplanung über alle Mitarbeiterebenen hinweg. Dies ist insbesondere beim Produkt- und Know-how-Schutz von großer Bedeutung, da dieser alle betrifft. Der Schutz kann nur erfolgreich sein, wenn jeder Mitarbeiter seine Rolle und Aufgaben im gesamten Konstrukt erkennt und wahrnimmt (Abb. 3.6).

3.1.5 Wirtschaftlichkeitsanalyse von Schutzmaßnahmen

Der Einsatz von Maßnahmen zum Schutz von Produkten vor Imitation oder Fälschung wird in der betrieblichen Praxis häufig nachlässig behandelt (Ausnahme rechtliche Maßnahmen). Die Gründe hierfür liegen u. a. in der Unwissenheit der verantwortlichen Mitarbeiter über die Bandbreite der heute verfügbaren Schutzmaßnahmen und in der historisch gewachsenen Trennung zwischen Produktentwicklung und Produktschutz. Der wesentliche Grund liegt jedoch in der Ablehnung von Schutzmaßnahmen durch das Management, welches ausschließlich den

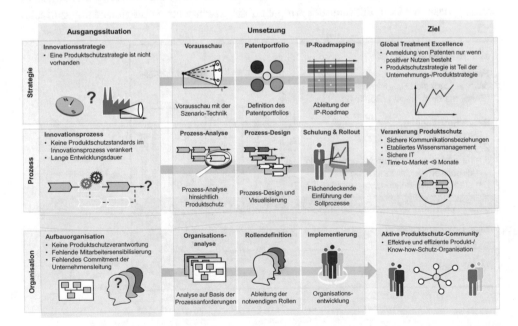

Abb. 3.6 Beispiel Master Plan of Action im Handlungsbereich Produkt- und Know-how-Schutz in Anlehnung an *Gausemeier und Plass* (2014)

Kostenfaktor in den Schutzmaßnahmen erkennt. Der positive Effekt von Schutzmaßnahmen auf den Produktumsatz, das Unternehmensimage etc. wird häufig außer Acht gelassen.

In diesem Abschnitt wird ein Vorgehen zur Wirtschaftlichkeitsanalyse von Schutzmaßnahmen vorgestellt. Die besondere Herausforderung hierbei ist die Unvorhersehbarkeit von Verlusten durch Plagiate und Fälschungen. In der Regel können Unternehmen selbst die bereits eingetretenen Verluste (z. B. Umsatzverluste, Imageverluste, unberechtigte Produkthaftungen) nicht abschätzen. Das Risiko, welches durch Schutzmaßnahmen reduziert werden soll, ist daher kaum zu quantifizieren. Das im Folgenden vorgestellte Vorgehen zeigt eine Möglichkeit auf, mit dieser Herausforderung umzugehen. Zunächst wird mittels der vordefinierten Kriterien Wirksamkeit und Durchsetzbarkeit eine Effektivitätszahl einer Schutzmaßnahme bestimmt. Die Wirtschaftlichkeit einer Schutzmaßnahme berechnet sich anschließend aus dem Produkt der Effektivitätszahl und der angenommenen Schadenssumme abzüglich der von der Schutzmaßnahme verursachten Kosten.

Bewertung der Wirksamkeit von Schutzmaßnahmen
Ziel dieses Abschnitts ist es, die Wirksamkeit möglicher Schutzmaßnahmen zu bewerten. Die Formel zur Berechnung der Wirksamkeit basiert auf der Annahme, dass Schutzmaßnahmen strategische, im Unternehmen festgelegte Schutzziele unterschiedlich gut erfüllen. Beispielhafte Schutzziele (SZ) sind *Erschwerung der Kopierbarkeit*, *Sicherung von Geschäftsgeheimnissen* und *Senkung der Attraktivität von Imitationen*. Zur Berechnung der Wirksamkeit einer Schutzmaßnahme wird die Summe über dessen Zielerfüllung gebildet. Zur Berechnung der Zielerfüllung werden die Kriterien Schutzwirkung, Wirkungsbeginn, Wirkungsdauer und Umgehbarkeit definiert.

Die Formel zur Berechnung der Wirksamkeit von Schutzmaßnahmen lautet:

$$W_{SM} = \sum_{i=1}^{M} \left(\frac{\sum_{j=1}^{N} g_i \, x_{SMij}}{N} \right)$$

mit
W_{SM}: Wirksamkeit einer Schutzmaßnahme
g_i: Gewichtung des Schutzziels i $\quad g_i \in \mathbb{R} \mid 0 \leq g_i \leq 1$ *und* $\Sigma g_i = 1$
x_{SMij}: Erfüllungsgrad des Kriteriums j durch
Schutzmaßnahme SM im Hinblick auf Schutzziel i $\quad x_{SMij} \in \mathbb{R} \mid 0 \leq x_{SMij} \leq 1$
N: Anzahl der Kriterien
M: Anzahl der Schutzziele

Beispiel zur Erläuterung der Formel
Bewertet werden soll die Wirksamkeit von zwei Schutzmaßnahmen. Ziel ist es, die Schutzmaßnahme mit der höheren Wirksamkeit zu identifizieren. Verglichen wird die *Black-Box-Bauweise* mit dem *Patent*. Bei der *Black-Box-Bauweise* werden schützenswerte Komponenten eines Produkts so gefertigt, dass ihre Bau- und Funktionsweise nach außen hin verborgen bleibt (Gausemeier et al. 2012). Die Schutzziele (SZ) i, die das Unternehmen

anstrebt sind: Imitationsattraktivität um 10 % senken (SZ 1), Kunden für Original und Fälschung sensibilisieren (SZ 2), 5 % mehr Imitate erkennen (SZ 3), Vernichtungsrate erkannter Imitate um 100 % erhöhen (SZ 4) und Produkt-Know-how schützen (SZ 5) (Gewichtung $g_1 = 0,35$; $g_2 = 0,05$; $g_3 = 0,2$; $g_4 = 0,1$; $g_5 = 0,3$). Die Kriterien (K) j zur Messung des Erfüllungsgrads sind wie oben genannt: Schutzwirkung (K1), Wirkungsbeginn (K2), Wirkungsdauer (K3) und Umgehbarkeit (K4). Die Bewertung der Schutzmaßnahmen erfolgt gemäß Abb. 3.7. In den Zeilen stehen die Schutzmaßnahmen in Kombination mit den Kriterien. In den Spalten stehen die Schutzziele. Es wird bewertet, wie hoch der Erfüllungsgrad der Schutzmaßnahme hinsichtlich des Schutzziels ist.

Die Bewertung wird folgend an einigen Beispielen erläutert: Zunächst eine Erläuterung zur Schutzwirkung der *Black-Box-Bauweise* hinsichtlich SZ 1: Der Schutz bei der *Black-Box-Bauweise* liegt darin, dass ein Reverse Engineering verhindert wird. Die Maßnahme erhöht die Hürde von Produktpiraten ein Produkt zu imitieren, da der Imitator mehr Geld und Know-how für die Entwicklung der durch die *Black-Box-Bauweise* verborgenen Komponenten einbringen müsste; die Bewertung des SZ 1 ist entsprechend hoch ($x_{BB11} = 0,7$).[1]

Die Bewertung des *Patents* hinsichtlich des Wirkungsbeginns lässt sich für die SZ 1 und 4 wie folgt erläutern: Nach Veröffentlichung der Anmeldung eines *Patents* kann ein vorläufiger Schutz gewährt werden. Der Anspruch des Inhabers auf eine mögliche angemessene Entschädigung besteht daher sogar vor Erteilung des *Patents*. Für das SZ 1 liegt

Kriterien zur Messung des Erfüllungsgrads	Zu vergleichende Schutzmaßnahmen	Schutzziele				
		1	2	3	4	5
		Innovations-attraktivität um 10 % senken	Kunden für Original und Fälschung sensibilisieren	5 % mehr Imitate erkennen	Vernichtungs-rate erkannter Imitate um 100 % erhöhen	Produkt-Know-how schützen
		Gew. 0,35	Gew. 0,05	Gew. 0,2	Gew. 0,1	Gew. 0,3
Schutz-wirkung	Black-Box-Bauweise	0,7	0,3	0,5	-	0,7
	Patent	0,8	0,1	-	0,6	0,5
Wirkungs-beginn	Black-Box-Bauweise	0,7	0,4	0,7	-	0,8
	Patent	0,7	0,3	-	0,2	0,6
Wirkungs-dauer	Black-Box-Bauweise	0,8	0,8	0,8	-	0,8
	Patent	0,8	0,3	-	0,8	0,5
Umgeh-barkeit	Black-Box-Bauweise	0,9	0,9	0,9	-	0,9
	Patent	0,8	0,8	-	0,8	0,8

Abb. 3.7 Wirksamkeitsberechnung mit der Zielerfüllungsmatrix

---

[1] Der Index des Erfüllungsgrads gibt Auskunft über die betrachtete Maßnahme (BB = Black-Box-Bauweise). Die erste Ziffer steht für das anvisierte Schutzziel (1 = Imitationsattraktivität um 10 % senken). Anhand der zweiten Ziffer lässt sich das bewertete Kriterium erkennen (1 = Schutzwirkung).

der Wirkungsbeginn eines *Patents* somit vor der Erteilung; die Bewertung ist hoch (x_{Pat12} = 0,7). Für das SZ 4 gilt: Ein Anspruch auf Vernichtung von schutzrechtsverletzenden Waren besteht erst nach Erteilung eines Schutzrechts. Im Falle einer Patenanmeldung beträgt die durchschnittliche Erteilungsdauer ca. 3–4 Jahre. Die Bewertung ist entsprechend niedrig (x_{Pat14} = 0,2).

Auswertung der Wirksamkeit

Im Anschluss an die Bewertung erfolgt die Berechnung der Wirksamkeit anhand der eingangs beschriebenen Formel. In dem fiktiven Beispiel ergeben sich folgende Werte:

$$W_{BB} = \frac{g_1\left(x_{BB11} + x_{BB12} + x_{BB13} + x_{BB14}\right)}{4} + \frac{g_2\left(x_{BB21} + x_{BB22} + x_{BB23} + x_{BB24}\right)}{4} + \ldots$$

$$+ \frac{g_5\left(x_{BB51} + x_{BB52} + x_{BB53} + x_{BB54}\right)}{4}$$

$$W_{BB} = \frac{0{,}35\left(0{,}7 + 0{,}7 + 0{,}8 + 0{,}9\right)}{4} + \frac{0{,}05\left(0{,}3 + 0{,}4 + 0{,}8 + 0{,}9\right)}{4} + \ldots + \frac{0{,}3\left(0{,}7 + 0{,}8 + 0{,}8 + 0{,}9\right)}{4}$$

$$W_{BB} = 0{,}68$$

$$W_{Pat} = \ldots = 0{,}53$$

Entsprechend der Formel wurde berechnet, dass die Wirksamkeit der *Black-Box-Bauweise* im oberen Skalen-Drittel liegt und die Wirksamkeit des *Patents* im mittleren Drittel. Die Aussage zur Wirksamkeit der Schutzmaßnahmen wird im nächsten Schritt um den Aspekt der Durchsetzbarkeit erweitert.

Bewertung der Durchsetzbarkeit von Schutzmaßnahmen

Nachdem im vorherigen Abschnitt die Wirksamkeit von Schutzmaßnahmen analysiert wurde, widmet sich dieser Abschnitt der Durchsetzbarkeit von Schutzmaßnahmen. Die Durchsetzbarkeit von Schutzmaßnahmen spiegelt wider, wie gut es dem Unternehmen gelingen wird, die Schutzmaßnahme erfolgreich zu implementieren. Dabei steht das Unternehmen vor internen und externen Widerständen. Die **internen Widerstände** resultieren beispielsweise aus der Finanzkraft des Unternehmens, dem verfügbaren Know-how und zeitlicher Kapazitäten. Da alle drei Faktoren nur limitiert zur Verfügung stehen, kann nur eine begrenzte Anzahl an Schutzmaßnahmen umgesetzt werden.

Externe Widerstände resultieren aus rechtlichen Rahmenbedingungen wie Gesetzen und Verordnungen sowie marktseitigen und technologischen Rahmenbedingungen. Die marktseitigen Rahmenbedingungen ergeben sich beispielsweise aus den Wechselwirkungen zwischen einem Kunden und der Schutzmaßnahme. Immer dann, wenn eine Schutzmaßnahme negative Kundenerfahrungen zur Folge hat, wird der Kunde eine entsprechend abweisende Reaktion zeigen. Technologische Rahmenbedingungen entstehen beispielsweise aus der Technologieverfügbarkeit oder der erwarteten Technologieentwicklung.

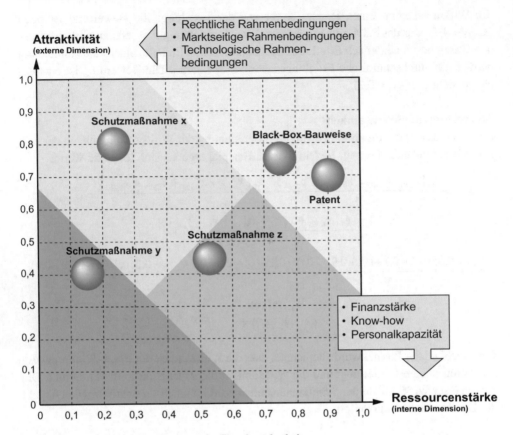

Abb. 3.8 Portfolio zur Bestimmung der Durchsetzbarkeit

Die Durchsetzbarkeit ist dementsprechend von der internen Dimension Ressourcenstärke und der externen Dimension Attraktivität abhängig. Die beiden Dimensionen spannen das Portfolio gemäß Abb. 3.8 auf. Die Durchsetzbarkeit steigt nach oben rechts.

- Die **Ressourcenstärke** beschreibt die unternehmensspezifische Stärke bei der Projektierung von Schutzmaßnahmen. Zur Berechnung der Ressourcenstärke werden die Kriterien Finanzstärke, relevantes Know-how und die verfügbare Personalkapazität betrachtet.
- Die **Attraktivität** beschreibt wie einfach eine Schutzmaßnahme bezüglich Widerständen von außerhalb des Unternehmens umgesetzt werden kann. Zur Berechnung der Attraktivität werden drei Bereiche betrachtet: rechtliche (z. B. Verordnungen, die geplante Schutzmaßnahmen untersagen), marktseitige (z. B. die abschreckende Wirkung einer Schutzmaßnahme auf den Kunden) und technologische (z. B. ein nicht ausreichender Reifegrad einer Technologie zur Umsetzung einer Schutzmaßnahme) Rahmenbedingungen.

Bei der Analyse der Durchsetzbarkeit kann zur Bestimmung der Attraktivität eine Länderbetrachtung hinzugenommen werden. Dies ist immer dann von Bedeutung, wenn das Produkt in verschiedenen Ländern verkauft wird. Die Länderbetrachtung bringt den Vorteil, dass die rechtlichen Rahmenbedingungen der betrachteten Länder berücksichtigt werden. Es ist durchaus denkbar, dass eine in Deutschland sinnvoll erscheinende Patentanmeldung beispielsweise in China nur eine geringe Attraktivität aufweist. Zur Beurteilung der Länderbetrachtung werden der International Property Rights Index (IPR-Index) sowie der Global Intellectual Property Index (GIP-Index) herangezogen.

IPR-Index: Der IPR-Index wird jährlich von einem unabhängigen Interessenverband zum Schutz geistigen Eigentums, der Property Rights Alliance (PRA), ermittelt. Grundlage für den IPR Index sind internationale ländervergleichende Studien, in denen die Bedeutung von Eigentumsrechten sowie die Stärke ihres Schutzes in den jeweiligen Ländern bestimmt werden.

GIP-Index: Der GIP-Index wird vom Global Intellectual Property Center (GIPC) des U.S. Chamber of Commerce zur Verfügung gestellt. Der Index richtet sich dabei an Unternehmen, die Länder bezüglich Produktpiraterie und der gesetzlichen Rechte des geistigen Eigentums beurteilen wollen.

In dem zuvor aufgezeigten Beispiel werden die Schutzmaßnahmen *Black-Box-Bauweise* und *Patent* gemäß Abb. 3.8 in dem Portfolio platziert. Berechnet wird die Durchsetzbarkeit entsprechend der Formel:

$$D_{SM} = \frac{Ressourcenst\ddot{a}rke + Attraktivit\ddot{a}t}{2}$$

In dem Beispiel ergeben sich die Werte $D_{BB} = 0,75$ und $D_{Pat} = 0,8$. Die Durchsetzbarkeit der Schutzmaßnahme *Patent* übersteigt also die Durchsetzbarkeit der *Black-Box-Bauweise*. In Kombination mit der Wirksamkeit wird im Folgenden die Effektivitätszahl einer Schutzmaßnahme bestimmt.

Bestimmung der Effektivitätszahl und der resultierenden Wirtschaftlichkeit
Die Effektivitätszahl ist ein Maß für die Güte einer Schutzmaßnahme unter Berücksichtigung der unternehmensspezifischen Schutzziele und der internen und externen Hürden bei der Platzierung der Maßnahme. Die Formel zur Berechnung der Effektivitätszahl lautet:

$$E_{SM} = \frac{Wirksamkeit\ der\ Schutzmassnahme + Durchsetzbarkeit\ der\ Schutzmassnahme}{2} = \frac{W_{SM} + D_{SM}}{2}$$

Damit ergibt sich in dem Beispiel:

$$E_{BB} = \frac{0,68 + 0,75}{2} = 0,715$$

$$E_{Pat} = \frac{0,53 + 0,8}{2} = 0,665$$

Abschließend wird aufbauend auf der Effektivitätszahl die Wirtschaftlichkeit der Schutzmaßnahmen berechnet. Eine Schutzmaßnahme ist unter wirtschaftlichen Zwecken dann einzusetzen, wenn die eingesparte Schadenshöhe die Kosten der Maßnahmen übersteigen. Zur Berechnung der Wirtschaftlichkeit dient folgende Formel:

$$Wirtschaftlichkeit_{SM} = Effektivitätszahl_{SM} * Annahme\ Schadenshöhe - Kosten_{SM}$$

Die Kosten der Maßnahme können im Gegensatz zur eingesparten Schadenshöhe relativ genau abgeschätzt werden. Die *Black-Box-Bauweise* würde beispielsweise zusätzliche Konstruktions- und Materialkosten verursachen. Die Anmeldung eines *Patents* ist ebenfalls mit Kosten belegt, die sehr exakt angegeben werden können. Wie einführend in diesem Kapitel beschrieben, ist die Berechnung der Schadenshöhe durch Produktpiraterie deutlich ungenauer. Auf Basis bereits bekannter Imitationen im Unternehmen und durch Schätzungen von Verbänden und gesellschaftlichen Organisationen wie dem VDMA oder dem Verfassungsschutz, können Annahmen über die Betroffenheit von Unternehmen oder Industriezweigen bestimmt werden. In der aktuellen Studie Produktpiraterie schätzt der VDMA den Schaden für den deutschen Maschinen- und Anlagenbau auf 7,3 Mrd. Euro jährlich (VDMA 2016a). Das sind etwa 2,8 % des Gesamtumsatzes des deutschen Maschinenbaus (260 Mrd. Euro 2015 (VDMA 2016b)). Anhand derartiger Hilfestellungen sind in der Anwendung die Schadenshöhen abzuschätzen. Eine Best Case- bzw. Worst Case-Betrachtung liefert darüber hinaus eine weitere Entscheidungsgrundlage.

Im Beispiel beträgt die vermiedene Schadenshöhe 15.000 € und die Kosten liegen sowohl für die *Black-Box-Bauweise* und das *Patent* bei 10.000 €. Es ergeben sich folgende Werte:

$$W_{BB} = 0,715 * 15.000\ € - 10.000\ € = 1250\ €$$
$$W_{Pat} = 0,665 * 15.000\ € - 10.000\ € = -25\ €$$

Die Wirtschaftlichkeit steht in Abhängigkeit zur Effektivitätszahl (E). Würde eine Schutzmaßnahme die Produktpiraterie komplett unterbinden (E = 1), wäre die Differenz aus der angenommenen Schadenshöhe und den Kosten für die Schutzmaßnahme als Ertrag gutzuschreiben. Eine Effektivitätszahl kleiner 1 sagt aus, dass die Schutzmaßnahme das Risiko von Produktpiraterie nicht gänzlich unterbinden kann; der mögliche Ertrag reduziert sich entsprechend. Abschließend lässt sich festhalten, dass die *Black-Box-Bauweise* in dem Beispiel wirtschaftlich ist, das *Patent* nicht.

3.1.6 Schutzmaßnahmendatenbank

Schutzmaßnahmen sind die Bausteine einer unternehmensspezifischen Schutzkonzeption, die ausgehend von der in Abschn. 3.1.1 vorgestellten Bedrohungsanalyse erstellt wird. Um präventiven Produktschutz zu etablieren, müssen Produktschutzmaßnahmen bereits in der ersten Phase der Produktentstehung – der Strategischen Produktplanung – ansetzen und im gesamten Produktentstehungsprozess konsequent verwirklicht werden. Nur so können die entstehenden Wechselwirkungen zwischen Produkt, Dienstleistung und Produktionssystem beim Einbringen von Schutzmaßnahmen frühzeitig berücksichtigt und ein nachträgliches, kostspieliges Einbringen von weiteren Schutzmaßnahmen vermieden werden. Der Produktschutz muss selbstredend auch in den späteren Phasen des Produktlebenszyklus berücksichtigt werden, denn hier erfolgt häufig die Umsetzung der zuvor definierten Schutzmaßnahmen (Gausemeier et al. 2012).

Die Anzahl von Schutzmaßnahmen vor Produktpiraterie ist heute relativ hoch; neue Maßnahmen kommen kontinuierlich hinzu. Dennoch sind vielen Unternehmen die Fülle von Schutzmaßnahmen und deren Anwendungspotenziale nicht bekannt. In dem Projekt „Prävention gegen Produktpiraterie (3P)" wurde daher eine Schutzmaßnahmendatenbank entworfen und frei zugängig gemacht. Unter den derzeit bekannten Schutzmaßnahmen finden sich: strategische, produkt- und prozessbezogene, kennzeichnende, informationstechnische, rechtliche und kommunikative Schutzmaßnahmen.

Strategische Schutzmaßnahmen sind langfristig orientiert, setzen in einer frühen Phase der Produktentstehung an und bilden den Rahmen für die Produkt- und Produktionssystementwicklung unter Gesichtspunkten des Produktschutzes. Beispiele sind das Anbieten von hybriden Leistungsbündeln und Betreibermodellen sowie das Anstreben einer hohen Fertigungstiefe. Maßnahmen am Produkt wie der Einbau selbstzerstörender Elemente erschweren das Reverse Engineering. Durch den Einsatz additiver Fertigungsverfahren im Produktionsprozess können schwer kopierbare Bauteilgeometrien und -eigenschaften hergestellt werden. Informationstechnische Maßnahmen verhindern z. B. den unberechtigten Zugriff auf Daten. Kennzeichnende Maßnahmen ermöglichen die Beweisführung im Schadensfall und geben Orientierung im Kaufprozess. Schutzrechte können als Patente, Gebrauchsmuster, Geschmacksmuster und Kennzeichenrechte angemeldet werden. Kommunikative Maßnahmen definieren den Umgang mit Informationen zum Thema Produktpiraterie im Unternehmen und in der Kommunikation mit der Öffentlichkeit (Gausemeier et al. 2012).

Diese Kategorien sind jedoch nicht voneinander unabhängig. Zum Beispiel wirken sich kennzeichnende Maßnahmen sowohl auf das zu kennzeichnende Produkt als auch auf den dazugehörigen Produktionsprozess aus. Gleiches gilt für informationstechnische Maßnahmen. Schutzrechte wie Patente können sowohl auf Produkte bzw. deren Komponenten als auch auf die dazugehörigen Produktionsprozesse angewendet werden (Gausemeier et al. 2012).

Die Schutzmaßnahmendatenbank mit über 100 Schutzmaßnahmen lässt sich über www.itsowl-3p.de abrufen. Jede Schutzmaßnahme ist mit einem Steckbrief gemäß Abb. 3.9 beschrieben, sodass das Anwendungspotenzial einfach zu realisieren ist.

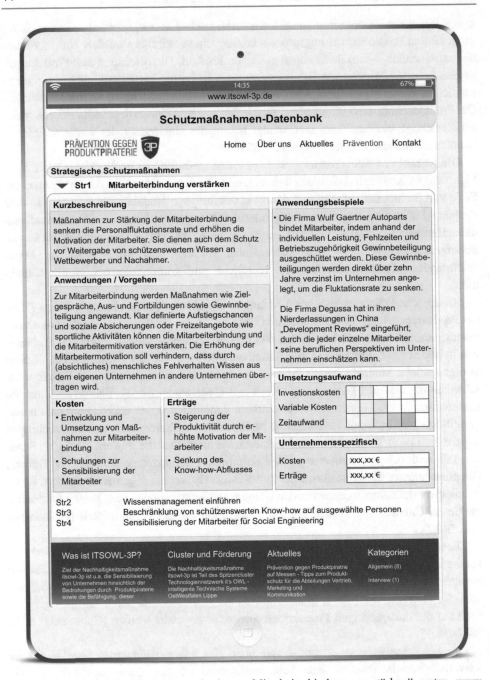

Abb. 3.9 Steckbrief der Schutzmaßnahme „Mitarbeiterbindung verstärken" unter www. itsowl-3p.de

3.2   Präventiver Produktschutz für Intelligente Technische Systeme

Zukünftige technische Systeme werden einen deutlichen Technologiesprung von bekannten mechatronischen hin zu intelligenten, vernetzten Systemen aufweisen. Durch die Integration der Domänen Mechanik, Elektrotechnik, Regelungstechnik und Softwaretechnik sowie dem zunehmenden Zusammenspiel der disziplinübergreifenden Methoden, Techniken und Verfahren, werden neuartige Systemeigenschaften geschaffen. Eine der wichtigsten neuartigen Eigenschaften zukünftiger Systeme ist die inhärente Teilintelligenz. Die inhärente Teilintelligenz ist der Grund, weshalb diese zukünftigen Systeme als Intelligente Technische Systeme (ITS) bezeichnet werden. Mit der inhärenten Teilintelligenz sind diese Systeme in der Lage, sich ihrer Umgebung und den Anforderungen und Wünschen ihrer Anwender im Betrieb anzupassen (Gausemeier et al. 2014).

Die Intelligenten Technischen Systeme stehen aufgrund des hohen Innovationsgrades und Marktpotenzials besonders im Fadenkreuz der Produktpiraterie. Neben den bekannten Angriffsformen, wie z. B. dem Reverse Engineering, bei dem das Produkt physisch zerlegt wird, um wertvolles, systeminternes Know-how offenzulegen und somit die Erstellung und den Vertrieb von Produktimitaten erheblich zu fördern, liefern die neuartigen Systemeigenschaften, wie u. a. der ausgeprägten Kommunikationsfähigkeit, **zusätzliche Herausforderungen hinsichtlich des Produktschutzes**. So können Cyberangriffe oder -attacken die Kommunikationsfähigkeiten ausnutzen, um das System zu manipulieren oder auch systeminternes Produkt-Know-how freizulegen (BSI 2014; Bossert et al. 2015). Mit dieser Angriffsform kann wertvolles Wissen in Form von Daten oftmals unbemerkt extrahiert und gestohlen werden (VDMA 2013). Das entwendete Wissen ist wiederum Ausgangsbasis für Plagiate und Produktimitationen.

Die erweiterten Anforderungen an den Produktschutz sind bisher jedoch weitestgehend unbekannt. Deshalb ist es notwendig, zunächst die Anforderungen an Schutzmaßnahmen für den präventiven Produktschutz zu identifizieren (Abschn. 3.2.1), um in einem weiteren Schritt entsprechende Maßnahmen zum präventiven Produktschutz für ITS bewerten zu können (Abschn. 3.2.2).

3.2.1   Anforderungen aus Sicht Intelligenter Technischer Systeme

Die Schutzanforderungen für die Intelligenten Technischen Systeme ergeben sich aus den (nach wie vor geltenden) allgemeinen Schutzanforderungen für (mechatronische) Produkte zuzüglich den spezifischen Schutzanforderungen für Intelligente Technische Systeme. Diese resultieren aus den erweiterten, neuartigen Systemeigenschaften, wie z. B. der steigenden Anzahl an Schnittstellen oder der Vernetzung der Systeme. Die Schutzanforderungen stellen ein wichtiges Puzzleteil bei der Entwicklung des präventiven Produktschutzes dar, ohne derer im weiteren Verlauf keine zielgerichteten Schutzmaßnahmen bestimmt werden können.

Der Fokus dieses Kapitels liegt auf der Aufstellung der ganzheitlichen Schutzanforderungen für Intelligente Technische Systeme. Um stets eine hohe Praxistauglichkeit der später ausgewählten Schutzmaßnahmen zu gewährleisten, sollten bereits die Schutzanforderungen die Bedarfe der Industrie angemessen widerspiegeln. Die Literatur liefert hierfür bislang keine ganzheitlichen Schutzanforderungen für Intelligente Technische Systeme. Deshalb wurden im Rahmen des Projektes itsowl-3P 25 Kernunternehmen des Spitzenclusters it's OWL mit Bezug zu Intelligenten Technischen Systemen zu den Anforderungen befragt. Mit Hilfe eines Fragebogens wurden Herausforderungen an den Systemschutz aufgenommen und darüber hinaus auch allgemeine und ITS-spezifische Schutzanforderungen abgeleitet.

Im Rahmen der Umfrage konnten insgesamt 37 Anforderungen an den ganzheitlichen Schutz für Intelligente Technische Systeme abgeleitet und kategorisiert werden. Davon sind sechs Schutzanforderungen identifiziert worden, die aus den erweiterten, neuartigen Systemeigenschaften der ITS resultieren und spezifisch für den Systemschutz von ITS sind. Diese sechs Schutzanforderungen werden im Folgenden erläutert.

1. **Vertraulichkeit sensibler Daten:** Die Kommunikations- und Netzwerkfähigkeiten von Intelligenten Technischen Systemen müssen so gestaltet sein, dass bei der Auslagerung und Speicherung der Daten in einer Cloud der Schutz sensibler Informationen zu jedem Zeitpunkt und unter allen Umständen gewährleistet ist.
2. **Überwachung des Systemverhaltens:** Das Systemverhalten muss jederzeit überwacht werden, um eingehende Cyberangriffe registrieren und melden zu können. Das Melden informiert nicht nur den Systembetreiber, sondern auch den Originalhersteller, sodass diese die Möglichkeit haben, entsprechend auf den Angriff zu reagieren. Parallel dazu können weitere vernetzte Systeme vor dem Angriff im Vorfeld (also präventiv) gewarnt werden.
3. **Eindeutige Authentifizierung:** Auf Basis der inhärenten Intelligenz eines Systems müssen z. B. Ersatzteile, Komponenten oder neue Softwareversionen identifiziert und eindeutig authentifiziert werden.
4. **Integrität in Netzwerken:** Es muss gewährleistet werden, dass systeminternes Know-how an keiner Stelle des Netzwerkes unerlaubt abgegriffen werden kann.
5. **Generierung einzigartiger kryptographischer Schlüssel und deren sicherer Speicherung:** Mit Hilfe einzigartiger kryptographischer Schlüssel und deren Speicherung besteht die Möglichkeit, Soft- und Firmware sowie sensible Daten wirksam zu verschlüsseln und somit zu schützen.
6. **Selbstoptimierung der Schutzmaßnahme:** Selbstoptimierende Systeme besitzen die Fähigkeit, das Systemverhalten an sich veränderte Einflüsse und künftige Ereignisse anzupassen. Durch die Selbstoptimierung bleiben Intelligente Technische Systeme auch gegen neue, zunächst nicht berücksichtigte Angriffe von außen resistent, indem sie unbekannte Angriffe identifizieren (Selbstdiagnose) und abwehren (Selbstheilung).

Neben den oben vorgestellten ITS-spezifischen Schutzanforderungen, konnten die restlichen Anforderungen den Schutzanforderungskategorien nach KOKOSCHKA zugeordnet werden (Kokoschka 2013). Die Schutzanforderungskategorien sind: strategische, produktbezogene, prozessbezogene, kennzeichnende, informationstechnische, rechtliche und kommunikative Schutzmaßnahmen (vgl. Abschn. 2.1). Die identifizierten spezifischen Schutzanforderungen für Intelligente Technische Systeme sind gemeinsam mit einem Auszug allgemeiner Schutzanforderungen aus der Kategorie der strategischen Schutzanforderungen in Tab. 3.1 dargestellt. Die Tabelle ist eine Checkliste und dient den Entwicklern als Hilfsmittel für die Auswahl und Spezifikation der Schutzanforderungen. Die für die jeweilige Systemkonzipierung zu beachtenden Schutzanforderungen können durch die Entwickler individuell mit „relevant"/„irrelevant" bewertet werden, um die relevanten Schutzanforderungen bereits beim Systementwurf zu berücksichtigen und später auch im Lastenheft zu verankern.

3.2.2   Bewertung der Schutzmaßnahmen hinsichtlich der neu identifizierten Schutzanforderungen

Die Identifizierung und Aufstellung der Schutzanforderungen an die Intelligenten Technischen Systeme ist Voraussetzung für die Bewertung der Schutzmaßnahmen. Bei der Bewertung werden die einzelnen Anforderungen mit den Schutzmaßnahmen abgeglichen und evaluiert, ob die Anforderungen durch die jeweilige betrachtete Maßnahme erfüllt bzw. teilweise

Tab. 3.1 Checkliste für die identifizierten Schutzanforderungen (Auszug)

Checkliste Schutzanforderungen			Version Datum
Nr.	R/I	Schutzanforderungskategorie/Schutzanforderung	Bearbeiter
1		**Strategische Schutzanforderungen**	
1.1		Internationale Wirksamkeit	
1.2		Einfache und kostengünstige Umsetzung	
1.3		Überwachbarkeit	
1.4		Anpassbarkeit und Optimierbarkeit im Lebenszyklus	
1.5		Erhalt der Differenzierung	
1.6		Erhalt der Produktivität	
1.7		Vereinbarkeit mit dem Wissensmanagement	
2		**Produktbezogenen Schutzanforderungen**	
2.1		Minimale Änderung von Kosten und Design	
8		**ITS-spezifische Schutzanforderungen**	
8.1		Vertraulichkeit sensibler Daten	
8.2		Überwachung des Systemverhaltens	
8.3		Eindeutige Authentifizierung	
8.4		Integrität in Netzwerken	
8.5		Einzigartige kryptographische Schlüssel generieren und sicher speichern	
8.6		Selbstoptimierung der Schutzmaßnahmen	

erfüllt ist. Da eine gezielte Auseinandersetzung mit potenziellen Schutzmaßnahmen für Intelligente Technische Systeme bisher noch nicht vorgenommen wurde, werden im Folgenden die Schutzmaßnahmen insbesondere mit den ITS-spezifischen Schutzanforderungen abgeglichen. Dazu werden zunächst bekannte Schutzmaßnahmen nach *Gausemeier* und *Lindemann* betrachtet. Anschließend wird der Fokus auf neue Schutzmaßnahmen gelenkt, die das Potenzial aufweisen, die ITS-spezifischen Schutzanforderungen ganzheitlich zu erfüllen. Ergebnis dieses Abschnitts ist eine fundierte Aussage zur Eignung der Schutzmaßnahmen zum präventiven Produktschutzes für Intelligente Technische Systeme.

Analyse bekannter Schutzmaßnahmen

Die im Abschn. 3.2.1 identifizierten Schutzanforderungen werden zunächst mit den bekannten Schutzmaßnahmen nach *Gausemeier* et al. und *Lindemann* et al. abgeglichen. Ziel ist es, die Eignung der Schutzmaßnahmen zum präventiven Produktschutzes für Intelligente Technische Systeme zu ermitteln. Dabei werden drei Stufen der Anforderungserfüllung hinsichtlich ihrer Wirkung unterschieden.

Keine Erfüllung (−): Die Schutzmaßnahme erfüllt die Schutzanforderung nicht.

Teilweise Erfüllung (○): Die Schutzmaßnahme kann zur Erfüllung der Schutzanforderung teilweise beitragen.

Erfüllt (+): Die Schutzmaßnahme erfüllt die Schutzanforderung voll.

Schutzmaßnahmen nach *Gausemeier et al.*

Im Folgenden werden die Schutzmaßnahmen nach *Gausemeier* et al. mit den Schutzanforderungen abgeglichen (Gausemeier et al. 2012). Dabei sind in Tab. 3.2 die strategischen sowie die informationstechnischen Schutzmaßnahmen mit den zugehörigen Schutzanforderungen abgebildet. Die Gegenüberstellung zeigt, dass die strategischen Schutzmaßnahmen nach Gausemeier die strategischen Schutzanforderungen überwiegend erfüllen. So erfüllt die Schutzmaßnahme *Überwachung des Marktes* sechs der insgesamt sieben strategischen Schutzanforderungen. Lediglich die Schutzanforderung der kostengünstigen Umsetzung (Schutzanforderung 1.2) kann durch die Schutzmaßnahme nur teilweise erfüllt werden. Darüber hinaus können auch die informationstechnischen Schutzmaßnahmen große Teile der zugehörigen Anforderungen erfüllen.

Die Tab. 3.2 zeigt, dass die ITS-spezifischen Schutzanforderungen nur in Ausnahmen durch die strategischen und informationstechnischen Schutzmaßnahmen erfüllt werden. Insbesondere die strategischen Schutzmaßnahmen liefern keinen Beitrag bei der Erfüllung der ITS-spezifischen Anforderungen. Lediglich die Schutzmaßnahmen *sichere Kommunikationsverbindungen, gegenseitige Authentifizierung von Komponenten* sowie *Schutz von eingebetteter Software im Bereich der informationstechnischen Schutzmaßnahmen* können die ITS-spezifischen Schutzanforderungen ansatzweise aber ebenfalls nicht zufriedenstellend erfüllen.

Beispielhaft ist die informationstechnische Schutzmaßnahme *Schutz von eingebetteter Software* zu nennen, die die *Generierung einzigartiger kryptographischer Schlüssel*

Tab. 3.2 Abgleich der Schutzmaßnahmen nach *Gausemeier* mit den ermittelten Schutzanforderungen

Abgleich Schutzmaßnahmen mit Schutzanforderungen																
Schutzanforderungen	strategisch							IT			ITS-spezifisch					
Schutzmaßnahmen	1.1	1.2	1.3	1.4	1.5	1.6	1.7	5.1	5.2	5.3	8.1	8.2	8.3	8.4	8.5	8.6
Strategische Schutzmaßnahmen																
Mitarbeiterbindung verstärken	+	+	-	-	+	+	+				-	-	-	-	-	-
Wissensmanagement einführen	+	o	+	-	+	+	+				-	-	-	-	-	-
Beschränkung von schützenswertem Know-how auf ausgewählte Personen	+	+	o	+	+	o	+				-	-	-	-	-	-
Sensibilisierung der Mitarbeiter für Social Engineering	+	+	-	-	+	+	+				-	-	-	-	-	-
Abteilungsübergreifende Kooperation in puncto Produktschutz	+	+	o	o	+	+	+				-	-	-	-	-	-
Innovationsprozesse optimieren	+	-	+	+	+	+	+				-	-	-	-	-	-
Target Costing	+	o	o	+	-	o	+				-	-	-	-	-	-
Kooperation mit Zulieferern	o	o	o	-	o	+	+				-	-	-	-	-	-
Zuliefererintegration	o	o	o	-	o	+	+				-	-	-	-	-	-
After-Sales-Management/Hybride Leistungsbündel	+	-	o	+	o	o	+				-	-	-	-	-	-
Release Management	+	o	+	+	o	o	+				-	-	-	-	-	-
Marken- und Produktpreisdifferenzierung	+	-	o	+	o	+	+				-	-	-	-	-	-
Selektive Vertriebssysteme	+	-	+	o	+	+	+				-	-	-	-	-	-
Shadow Placement	+	-	o	+	+	o	+				-	-	-	-	-	-
Quersubventionierung von leicht imitierbaren Produkten	-	-	-	+	o	+	+				-	-	-	-	-	-
Überwachung des Marktes	+	o	+	+	+	+	+				-	-	-	-	-	-
Umarmungsstrategie	o	o	o	o	+	+	+				-	-	-	-	-	-
Informationstechnische Schutzmaßnahmen																
Biometrische Zugangskontrolle								-	+	o	-	-	-	-	-	-
Rollenbasierte Zugangskontrolle installieren								-	+	o	-	-	-	-	-	-
Dokumente verschlüsseln								+	-	-	o	-	-	-	o	-
Informationen aus CAD-modellen entfernen								+	-	-	o	-	-	-	-	-
Sichere Kommunikationsverbindungen								+	+	o	+	-	-	o	o	-
Gegenseitige Authentifizierung von Komponenten								o	-	-	o	o	+	-	o	-
Produktaktivierung								-	-	-	-	-	-	-	-	-
Auslagerung von sicherheitsrelevanten Rechenoperationen								-	o	-	-	-	-	-	o	-
Schutz von eingebetteter Software								+	o	-	+	o	-	-	+	-

und deren sichere Speicherung (Schutzanforderung 8.5) und zusätzlich dazu die *Schutzanforderung Vertraulichkeit sensibler Daten* (Schutzanforderung 8.1) unterstützt.

Da sowohl bei den strategischen als auch bei den informationstechnischen Schutzmaßnahmen nur sehr geringe Erfüllungsgrade hinsichtlich der ITS-spezifischen Schutzanforderungen zu verzeichnen sind, kann zusammenfassend festgehalten werden, dass die Schutzmaßnahmen nach Gausemeier die ITS-Schutzanforderungen nicht zufriedenstellend erfüllen.

Schutzmaßnahmen nach *Lindemann* et al.

Neben den Schutzmaßnahmen nach *Gausemeier* et al. werden auch die Schutzmaßnahmen nach *Lindemann* et al. mit den Schutzanforderungen abgeglichen (Lindemann et al. 2012). Es ist auffällig, dass es Schnittmengen zwischen den jeweiligen Schutzmaßnahmen gibt. Nichtsdestotrotz liegt der Fokus auf Maßnahmen, die im Gegensatz zu *Gausemeier* et al. auf einer eher technischen Ebene beschrieben sind. Die Schutzmaßnahmen nach *Lindemann* et al. werden durch die Kategorien strategisch, produktbezogen und informationstechnisch unterschieden. Die untersuchten Schutzmaßnahmen können die jeweils zugehörigen Schutzanforderungen derselben Kategorie vorwiegend gut erfüllen. Allerdings zeigt die Gegenüberstellung ebenfalls, dass die ITS-spezifischen Schutzanforderungen grundsätzlich nicht erfüllt werden. Das detaillierte Ergebnis der Gegenüberstellung ist in Tab. 3.3 dargestellt.

Die ITS-spezifischen Anforderungen Vertraulichkeit sensibler Daten (8.1) und Überwachbarkeit des Systemverhaltens (8.2) werden im Gegensatz zu den Schutzanforderungen Integrität in Netzwerken (8.4) und Selbstoptimierung der Schutzmaßnahmen (8.6) durch die informationstechnischen Schutzmaßnahmen teilweise erfüllt.

Auch hier lässt sich das Ergebnis festhalten, dass bestehenden Schutzmaßnahmen nach *Lindemann* et al. zur ganzheitlichen Erfüllung der neuen, ITS-spezifischen Schutzanforderungen nicht geeignet sind. So zeigen die beiden Gegenüberstellungen die bestehende Lücke zwischen der eingangs erwähnten technischen Entwicklung der Systeme und deren Produktschutz.

Zum effektiven Systemschutz mussten folglich neue Schutzmaßnahmen identifiziert werden, die die ITS-spezifischen Schutzanforderungen angemessen erfüllen oder die das Potenzial aufweisen, diese in Zukunft zufriedenstellend erfüllen zu können. Aus diesem Grund widmet sich der nächste Abschnitt der Identifizierung und Analyse neuer Schutzmaßnahmen.

Identifizierung und Analyse neuer Schutzmaßnahmen

Da bekannte Schutzmaßnahmen die ITS-spezifischen Schutzanforderungen nicht angemessen erfüllen, müssen neue, innovative Ansätze zum Produktschutz identifiziert werden. Analog zum zuvor dargestellten Vorgehen werden die Eignungen der neuen Ansätze hinsichtlich der Erfüllung der Schutzanforderungen ermittelt. Ziel dieses Vorgehens sind vielversprechende Schutzmaßnahmen, die den präventiven Produktschutz von Intelligenten Technischen Systemen gewährleisten können.

Zunächst sind Technologien hinsichtlich ihrer Einsatzfähigkeit zum Schutz von ITS zu prüfen, die wiederum Ausgangsbasis für neue, innovative Schutzmaßnahmen für ITS sein können. Diese Technologien werden auf Basis einer Literaturrecherche herausgearbeitet. Eine exemplarische Quelle ist dabei der Gartner Hype Cycle, der eine repräsentative

Tab. 3.3 Abgleich der Schutzmaßnahmen nach *Lindemann* et al. mit den ermittelten Schutzanforderungen

Abgleich Schutzmaßnahmen mit Schutzanforderungen																							
Schutzanforderungen	strategisch							produktbezogen							IT			ITS-spezifisch					
Schutzmaßnahmen	1.1	1.2	1.3	1.4	1.5	1.6	1.7	2.1	2.2	2.3	2.4	2.5	2.6	2.7	5.1	5.2	5.3	8.1	8.2	8.3	8.4	8.5	8.6
Strategische Schutzmaßnahmen																							
„Ein-Haus"-Strategie verfolgen	o	o	+	+	o	-	+											-	-	-	-	-	-
Know-how-Abfluss aus der Produktion verhindern	+	+	o	o	+	+	o											-	-	-	-	-	-
Produkt-Service-Systeme (PSS) anbieten	+	o	o		+	+	o											-	-	-	-	-	-
Produktbezogene Schutzmaßnahmen																							
High-Tech-Strategie verfolgen								-	-	+	+	o	o	+				-	-	-	-	-	-
Neue, schützbare Technologien für alte Produkte nutzen								-	o	+	+	-	o	+				-	-	-	-	-	-
Produkte anpassungs- und upgradegerecht gestalten								-	o	+	+	-	+	+				-	-	-	-	-	-
Selbstzerstörende Kernkompetenzbauteile gestalten								-	-	+	-	o	o					-	-	-	-	-	-
Informationstechnische Schutzmaßnahmen																							
Struktur der Steuerungssoftware zentralisieren															-	o	o	o	o	o	-	-	-
Zugang zu IT-Systemen schützen															o	o	-	o	o		-	o	-

Gruppe von noch reifenden Technologien enthält, die zum zukünftigen Systemschutz beitragen können (Gartner 2015).

An dieser Stelle ist die Literaturrecherche von *Kliewe* zu nennen, der eine Vielzahl an Technologien in einer Technologie-Roadmap visualisiert hat (Kliewe 2017). Die Technologie-Roadmap enthält Informationen über die jeweilige Technologie und deren technologischer Entwicklungsphase (Marktreife). Zusätzlich beinhaltet die Technologie-Roadmap Informationen über die jeweilige Veröffentlichung, aus der die jeweilige Technologie stammt.

Ausgehend von der Recherche von *Kliewe* sind nun vier Technologien bzw. Ansätze exemplarisch ausgewählt worden, die ein hohes Potenzial zum Schutz von Intelligenten Technischen Systemen aufweisen und deshalb im weiteren Verlauf des Kapitels näher betrachtet werden: Eingebettete Systeme, Additive Fertigung, Gentelligente Bauteile und Kommunikationstechnologien.

Der erste Ansatz zum Produktschutz von ITS sind eingebettete Systeme. Eingebettete Systeme sind hybride Systeme der Informations- und Kommunikationstechnik, die Hard- und Software miteinander verbinden bzw. vernetzen und in der Regel autonom agieren.

Häufig bietet die Einbettung von Systemen die Möglichkeit, bestehende Schutzmaßnahmen wie z. B. die RFID-Module weiterzuentwickeln. RFID-Module können bereits heute zum Systemschutz beitragen, da jeder RFID-Chip eine weltweit eindeutige Identität enthält und ohne Sichtverbindung ausgelesen werden kann. Allerdings sind die Chips heutzutage verhältnismäßig einfach von der Leiterplatte entfernbar. Durch die Technologie der Einbettung können die RFID Module in die Leiterplatten integriert werden, sodass die Entfernung des RFID-Moduls nicht mehr möglich ist, ohne dass dieser zerstört wird und somit die Daten unbrauchbar werden (Pfromm und Graser 2010; Krautz 2015). Dies erhöht den Systemschutz deutlich.

Des Weiteren konnte die Technologie der Additiven Fertigung identifiziert werden. Die Additive Fertigung ist ein computergesteuertes Fertigungsverfahren, bei dem ein dreidimensionales Werkstück schichtweise hergestellt wird. Der schichtweise Aufbau weist eine Reihe von Vorteilen gegenüber konventionellen Fertigungsverfahren auf, wie z. B. die wirtschaftliche Herstellung von komplexen Geometrien in kleiner Stückzahl oder auch die Fertigung von Hohlkörpern.

Diese spezifischen Vorteile der Technologie können auch den ITS-Systemschutz massiv erhöhen, indem sie Produkt-Know-how durch komplexe Strukturen im Inneren des Systems verbergen (Jahnke Wigge 2014).

Als weitere vielversprechende Technologie konnten **gentelligente Bauteile** ausgemacht werden. Gentelligente Bauteile enthalten inhärente Daten, die wiederum Informationen zum Bauteil selbst (z. B. Material, Geometrie etc.) oder auch zu dessen Herstellung darstellen können.

Diese Technologie besitzt das Potenzial zur Weiterentwicklung des Systemschutzes, da sie die Verschmelzung eines Bauteils mit zugehörigen Informationen ermöglicht. Darüber hinaus sind inhärente Funktionen, die bislang nur mit Hilfe eines Sensors realisiert werden konnten, verwirklicht. Dadurch sind gentelligente Bauteile in der Lage, ihren Zustand selbst zu überwachen. Bereits hier wird deutlich, dass mehrere ITS-spezifische Schutzanforderungen durch gentelligente Bauteile erfüllt werden können.

Zu guter Letzt konnte die **Kommunikationstechnologie** identifiziert werden, die ebenfalls im besonderen Maße zum Produktschutz von Intelligenten Technischen Systemen beitragen kann. Die Technologie ermöglicht die Kommunikation sowohl von einzelnen Teilsystemen untereinander als auch mit den umliegenden Systemen im Umfeld.

Dabei sind insbesondere sichere Netzwerke Voraussetzung zum Schutz der Intelligenten Technischen Systeme. Im Bereich der Kommunikationstechnologie haben sich mehrere vielversprechende Schutzmaßnahmen, wie z. B. *Software-defined networking*, entwickelt.

Alle auf den Technologien basierenden Schutzmaßnahmen wurden in einem nächsten Schritt mit den ITS-spezifischen Schutzanforderungen abgeglichen. Schutzmaßnahmen und Bewertung stammen von *Kliewe* (Kliewe 2017). Der Erfüllungsgrad der Schutzmaßnahme hinsichtlich der Anforderungen kann somit einfach und transparent abgelesen werden. Zur Reduktion der Komplexität werden die jeweiligen Schutzmaßnahmen nur mit den ITS-spezifischen Anforderungen gegenübergestellt. Die Tab. 3.4 zeigt das Ergebnis des Abgleichs.

Hervorzuheben im Bereich der eingebetteten Systeme ist die Schutzmaßnahme *Protecting Electronic Products (PEP)*. Diese Maßnahme ermöglicht einen physikalischen Hardwareschutz mit Hilfe einer Schutzfolie, die über die Leiterplatinen gezogen wird. Wird die Folie geöffnet oder beschädigt, löscht das System präventiv die sensiblen Daten. Damit weist die Folie Parallelen zu einem Selbstzerstörungsmechanismus auf. Die Schutzfolie

Tab. 3.4 Abgleich der Schutzmaßnahmen mit den Schutzanforderungen

Abgleich Schutzmaßnahmen mit Schutzanforderungen						
Schutzmaßnahmen	ITS-spezifische Schutzanforderungen					
	8.1	8.2	8.3	8.4	8.5	8.6
Eingebettete Systeme						
Protecting Electronic Products (PEP)	+	+	+	-	+	-
Seitenkanalresistente Hardware Designs	O	-	-	-	-	-
Seitenkanalresistente Programierung	O	-	-	-	-	-
Obfuskation zum Schutz vor Reverse-Engineering	O	-	-	-	-	-
Secure Firmware	+	-	-	O	-	-
Secure Firmware Update	+	-	-	O	-	-
Verified Boot	-	-	O	-	-	-
Hardware Binding	-	-	O	-	-	-
Secure Memory Device	+	-	-	-	O	-
Additive Manufacturing						
Lokale Änderung der Dichte	O	O	+	-	+	-
Individuelle und lokale Anpassung des Materials	O	O	+	-	+	-
Freiform-Design	-	-	O	-	O	-
Innere Strukturen	O	O	+	-	O	-
Ausreizen der technologischen Grenzen von Additive Manufacturing	-	-	O	-	-	-
Individuelle Anpassung	-	-	+	-	O	-
Gentelligente Bauteile						
Bauteilinhärente Datenspeicherung	+	-	O	-	+	-
Angriffserkennung	O	+	-	O	-	-
Zustandsüberwachung	O	+	-	O	-	O
Authentifizierung auf Basis gentelligenter Bauteile	+	O	+	-	+	-
Vererbung von Informationen	+	-	O	-	O	+
Bauteilinhärente Kennzeichnung	-	-	O	-	+	-
Kommunikationstechnologie						
Software-defined networking (SDN)	+	O	O	+	O	-

kann folglich einen Kopier- und Manipulationsschutz für technische Systeme bieten. Gleichzeitig können Angriffe erkannt werden (AIS 2015).

Die Technologie der Additiven Fertigung bringt ebenfalls zwei Schutzmaßnahmen hervor, die die ITS-spezifischen Anforderungen in einem angemessen Grad erfüllen können. Beispielhaft ist die Schutzmaßnahme *Individuelle und lokale Anpassung des Materials* zu nennen. Diese Maßnahme wird durch pulverbasierte Verfahren ermöglicht, die gewollte poröse Strukturen (funktionale Porosität) schaffen können. Dadurch werden die mechanischen Eigenschaften je nach Bedarf individuell und lokal angepasst. Darüber hinaus können materialspezifische Prozessparameter an bestimmten Stellen des Produktes variiert werden, sodass u. a. innere Strukturen anforderungsspezifisch ausgelegt werden können. Im Gegensatz zu konventionellen Fertigungsverfahren wie z. B. dem Fräsen können somit gezielte Maßnahmen zum Produktschutz von ITS wirtschaftlich umgesetzt werden (Sehrt 2010; Jahnke und Wigge 2014).

Im Bereich der gentelligenten Bauteile ist die Maßnahme *Authentifizierung auf Basis gentelligenter Bauteile* zu nennen, die den höchsten Erfüllungsgrad hinsichtlich der Schutzanforderungen aufweist. Mit Hilfe der gentelligenten Bauteile müssen die Daten zur Authentifizierung nicht mehr länger im System selbst oder in der Cloud gespeichert sein. Vielmehr können die Daten auf dem Bauteil gespeichert sein. Die Schutzmaßnahme wird im Wesentlichen durch eine einzigartige Oberflächenstruktur der Bauteile ermöglicht. Die Oberflächenstruktur kann in digitale Daten konvertiert werden. Die Maschine kann ihre Daten zur Authentifizierung ebenfalls aus der Oberflächenstruktur erzeugen und in einem weiteren Schritt mit den in der Komponente gespeicherten Daten abgleichen (Dragon et al. 2010).

Nicht zuletzt kann *Software-defined networking (SDN)* als Kommunikationstechnologie einen erheblichen Beitrag zum präventiven Produktschutz von Intelligenten Technischen Systemen liefern. Diese Schutzmaßnahme legt besonderen Fokus auf die Sicherung und den Schutz von Kommunikationsverbindungen. In klassischen Netzwerken sind die Kontroll- und Datenebene in einem Netzwerkknoten miteinander verbunden. Im Gegensatz dazu zeichnen sich SDN insbesondere durch die Trennung der beiden Ebenen aus. Die Steuerung (Kontrollebene) übernimmt bei SDN ein externer Controller (Sezer et al. 2013). Die Architektur der Netzwerke unterstützt verschiedene Sicherheitsüberwachungen und Analysen. Bedrohungen der Netzwerkintegrität können auf Basis forensischer Netzwerkuntersuchungen frühzeitig identifiziert werden.

Alle oben vorgestellten Schutzmaßnahmen sind unterschiedlich und leisten auf ihre spezifische Art und Weise einen erheblichen Beitrag zum präventiven Schutz von Intelligenten Technischen Systeme. Zusammen ergänzen sie sich, sodass ein nahezu ganzheitlicher Schutz für Intelligente Technische Systeme hergestellt werden kann. Im Folgenden wird der Blick auf eine der oben vorgestellten Technologien gelenkt, die ein enormes Zukunftspotenzial aufweist. Die Additive Fertigung bietet aufgrund seines additiven Schichtaufbaus auch in Zukunft Ansatz für unzählige neue Schutzmaßnahmen hinsichtlich Intelligenter Technischer Systeme. Im folgenden Kapitel werden einige Maßnahmen detaillierter dargestellt.

3.3 Potenziale von Additiver Fertigung für den Produktschutz

Als spezielle Anwendung der Additiven Fertigungsverfahren (häufig auch 3D-Druck genannt; Englisch: „Additive Manufacturing") zielt das Direct Manufacturing auf die Fertigung direkt einsetzbarer Produkte oder Komponenten. Ein unter Umständen sehr komplexes dreidimensionales Modell wird digital in eine Vielzahl zweidimensionaler Schichten zerlegt. Im additiven Fertigungsprozess werden die zweidimensionalen Schichten mit geringer Komplexität Schicht für Schicht generiert, sodass das Bauteil bis zur Erreichung der finalen dreidimensionalen komplexen Geometrie wächst (Dubbel 1997).

Der Prozess der Additiven Fertigung besteht allgemeingültig aus acht Schritten, die sich in einen digitalen und einen physischen Abschnitt unterteilen lassen. Die ersten vier Schritte des allgemeinen AM Prozesses nach *Gibson*, *Rosen* und *Stucker* lauten (Gibson et al. 2010)

1. CAD Konstruktion
2. Umwandlung in das STL Format
3. Übertragung auf die AM Anlage und Manipulation der STL Datei
4. Konfiguration der Anlage

Sie bilden den digitalen Abschnitt. Mit Ausnahme der zu nutzenden Software(-pakete), die zur Konfiguration der Anlage zu nutzen sind, verläuft diese Phase für nahezu alle Additiven Fertigungsverfahren bis zu einem bestimmten Ausprägungsgrad identisch. Die Einschränkung des bestimmten Ausprägungsgrades ist durch die unterschiedliche Funktionsweise der jeweiligen Additiven Fertigungsverfahren in den folgenden vier Schritten, dem physischen Abschnitt, bedingt. Dieser besteht aus den Schritten

5. Produktion
6. Entfernung der Bauteile
7. Nachbearbeitung
8. Anwendung

Additive Fertigung als Mittel zum Produktschutz

In öffentlichen Medien werden einerseits die Chancen und Potenziale der Additiven Fertigungsverfahren zwar sehr positiv dargestellt, andererseits werden sie aber vordergründig auch als potenzieller Treiber von Produktpiraterie dargestellt. Aussagen wie „3-D Printing Will Be a Counterfeiter's Best Friend" (Campbell und Cass 2013) und „Mit 3D Druckern ist es so einfach wie nie, alle möglichen Designprodukte zu kopieren" (Nieß 2014) zeigen den Handlungsbedarf, die Additiven Fertigungsverfahren im Kontext der Produktpiraterie detailliert zu betrachten. Obgleich vor allem in Verbindung mit der voranschreitenden Entwicklung von 3D-Scannern das Reverse Engineering zumindest geometrisch massiv erleichtert wird, bieten die Additiven Fertigungsverfahren auch Potenziale zur Erschwerung eben dieses Reverse Engineerings (Gausemeier et al. 2012).

Wie in Abb. 3.10 dargestellt fokussiert dieses Kapitel basierend auf der bereits beschriebenen Bedrohungsanalyse die Adaption bestehender bzw. Entwicklung neuer Schutzmaßnahmen unter Berücksichtigung der Potenziale Additiver Fertigungsverfahren. Darauf aufbauend wird eine fünfstufige Methode aufgezeigt, wie Additive Fertigungsverfahren genutzt werden können, um Produktpiraterie präventiv zu bekämpfen. Abschließend wird die Methodik mit Hilfe eines industriellen Anwendungsfalls validiert. Die Ergebnisse werden in einem Steckbrief dargestellt und dokumentiert, so dass eine Unterstützung der beteiligten Akteure für zukünftige Entwicklungen gewährleistet wird.

3.3.1 Entwicklung von Schutzmaßnahmen im Kontext Additiver Fertigungsverfahren

Da hier die Additiven Fertigungsverfahren und ihre Potenziale zur Umsetzung eines präventiven Produktschutzes im Vordergrund stehen, werden die Potenziale, nach *Jahnke* aufgeteilt in elementare Schutzpotenziale und resultierende Potenziale, als eine Eingangsgröße des Prozesses nachfolgend detailliert beschrieben (Jahnke 2017, 2019):

Elementare Schutzpotenziale
Im Folgenden werden die Möglichkeiten und Chancen, die die Additiven Fertigungsverfahren mit sich bringen, beschrieben. Beginnend mit den grundlegenden elementaren Potenzialen werden Eigenschaften der Additiven Fertigung dargestellt, vor allem auch im Hinblick auf eine fälschungssichere(re) Produktion. Fälschungen werden sich zwar nicht

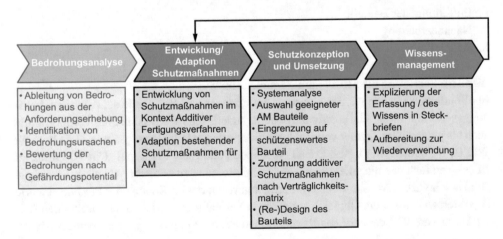

Abb. 3.10 Prozess zur Anwendung des Direct Manufacturing als Beitrag zum präventiven Produktschutz

vollständig vermeiden lassen, jedoch können die Potenziale einen erheblichen Beitrag zum Schutz gegen Fälschungen beitragen. Obgleich die pulverbasierten Additiven Fertigungsverfahren hier im Vordergrund stehen, gelten die folgenden Ausführungen gleichermaßen auch für die weiteren Additiven Fertigungsverfahren (Jahnke 2017, 2019).

Werkzeuglose Fertigung

Es wird häufig kontrovers diskutiert, ob die Additiven Fertigungsverfahren wirklich eine werkzeuglose Fertigung ermöglichen. Wie so oft in der Additiven Fertigung lautet die Antwort auf diese Frage „Das ist abhängig vom Anwendungsfall". Zu den beschriebenen acht Schritten des Prozesses der Additiven Fertigung zählt auch die Nachbearbeitung. Bis zu diesem Schritt ist eine werkzeuglose Fertigung zweifelsfrei gegeben. In der Nachbearbeitung jedoch können abhängig vom genutzten Fertigungsverfahren mit oder ohne Stützstrukturen und darüber hinaus auch abhängig von der angestrebten Anwendung, konventioneller Verfahren unter Verwendung von Werkzeugen notwendig werden. Zur Erfüllung der Anforderungen an Funktionsflächen oder Schnittstellen zu anderen Bauteilen wird häufig der Einsatz von spanenden Verfahren erforderlich. Im Bereich des „Direct Manufacturing" gehen die Bestrebungen allerdings in die Richtung, dass eine Nachbearbeitung vermieden oder stark reduziert wird. Abhängig von der angestrebten Anwendung können alle Anforderungen durchaus schon nach den Prozessschritten „Produktion" und „Entfernung der Bauteile" erfüllt sein, so dass eine Nachbearbeitung gar nicht nötig wird. In allen Fällen verdeutlicht dieses erste elementare Potenzial, dass bis zum Prozessschritt der „Produktion" nichts weiter benötigt wird als die digitalen Produkt- und Produktionsdaten in Form der 3-D Bauteilgeometrie und die Parameter zur Konfiguration des 3D-Druckers (der „AM"-Anlage). Es werden keine Spannvorrichtungen oder Formen benötigt, die teils sehr zeitintensiv hergestellt werden müssen. Dieses Potenzial beschreibt daher wirtschaftliche und strategische Vorteile durch den Einsatz Additiver Fertigungsverfahren. Hieraus resultieren Potenziale wie „flexible Produktion", „Individualisierung", „Verkürzung des Produktentstehungsprozesses" und teilweise auch einen „Schutz vor Produktpiraterie", die im folgenden Abschnitt weiter beschrieben werden (Jahnke 2017, 2019).

Fertigung von 0-D über 1-D und 2-D zu 3-D

Während Subtraktive Fertigungsverfahren wie dem Drehen, Fräsen oder Bohren nur eine Veränderung der Geometrie eines gegebenen Materialblocks mit spezifizierten Eigenschaften vornehmen, wird in Additiven Fertigungsverfahren das Material direkt in der gewünschten Geometrie generiert. Der Prozess basiert auf 3-D CAD Daten, die zur Verringerung der Komplexität in viele 2-D Schichten zerlegt werden. Diese Schichten (2-D) werden dann aus Punkten (0-D) und Linien (1-D) – zum Beispiel durch das Verschmelzen von pulverförmigem Material – generiert. Ein für die Bauteilqualität wesentlicher Faktor ist die Orientierung der digitalen 3-D Produktdaten, da diese die Geometrie der einzelnen Schichten bestimmt und sich auch auf die physische Fertigung und beispielsweise durch Anisotropen auf die Eigenschaften des gefertigten Bauteils auswirkt. Die generelle Verfahrensweise ermöglicht sowohl im Bereich der Materialeigenschaften als auch der Geometrie neue Chancen (Jahnke 2017, 2019).

Geometrie

Designer sind geometrisch nicht länger an die Einschränkungen der konventionellen Fertigungsverfahren gebunden, sodass Bauteile und Produkte einem eher funktionsgerechten als einem fertigungsgerechten Design folgen. Obgleich es auch in den Additiven Fertigungsverfahren Restriktionen zu berücksichtigen gibt, ist die geometrische Freiheit sehr ausgeprägt. Hinterschnitte, innere Strukturen, variierende Wandstärken sind nur einige Elemente, die umgesetzt werden können (Jahnke 2017, 2019).

Material

Da auch die formgebende Struktur erst während des Fertigungsprozesses entsteht, können die Materialeigenschaften während dieses Prozesses beeinflusst werden. Mit gleichem Ausgangsmaterial, ganz gleich ob es als Pulver oder Strang vorliegt und ob es sich um Kunststoffe oder Metalle handelt, lassen sich durch unterschiedliche Prozessparameter die Materialeigenschaften in den materialspezifischen Grenzen einstellen. Beispielsweise hat die Energiedichte einen erheblichen Einfluss auf die daraus resultierenden Eigenschaften. Obwohl diese Besonderheit derzeit eine Hürde für den Einsatz Additiver Fertigungsverfahren in kritischen Anwendungen mit den Anforderungen an qualifizierte und reproduzierbare Materialien darstellt, wird sie hier als Potenzial geführt (Jahnke 2017, 2019).

3.3.2 Resultierende Schutzpotenziale aus der Additive Fertigung

Die im Folgenden aufgezeigten resultierenden Potenziale nach *Jahnke* (2017, 2019) stellen anwendungsorientiert den Nutzen und die Handlungsoptionen, die durch die Additiven Fertigungsverfahren eröffnet werden, dar.

Flexible Produktion

Dieses Potenzial steht in starkem Zusammenhang mit der Individualisierung aus der Perspektive der Fertigung: Eine flexible Produktion wird durch die werkzeuglose Fertigung und die Tatsache, dass die Fertigung ausschließlich auf den digitalen Produkt- und Produktionsdaten basiert, begünstigt. Lange Rüstzeiten oder gar der Bau von Werkzeugen und Formen sind in den Additiven Fertigungsverfahren nicht notwendig. So lassen sich auch kurzfristig Bauteile oder Produkte in geringer Stückzahl nach Bedarf, „on demand", fertigen. Gerade in Branchen oder Anwendungen, in denen in nicht bestimmten Intervallen nur eine geringe Stückzahl benötigt wird, kann so die Lagerhaltung und damit einhergehende Kapitalbindung reduziert werden. Als Beispiel sei hier die Versorgung mit Ersatzteilen zu nennen. Aber auch in der Produktentwicklung lassen sich die Iterationen durch eine flexible Produktion verkürzen. Dies sollte jedoch nicht dazu führen, dass die Sorgfalt in der Produktentwicklung vernachlässig wird, da schnell ein neues Design „ausprobiert" werden kann (Jahnke 2017, 2019).

Individualisierung

Die Individualisierung steht in starkem Zusammenhang mit der flexiblen Produktion aus der Perspektive der Produktentwicklung: Die flexible Produktion, die durch den

Einsatz Additiver Fertigungsverfahren möglich wird, erleichtert die Fertigung individualisierter Bauteile oder Produkte. So werden Geschäftsmodelle, die auf „mass customization" setzen, vielversprechend umsetzbar. Als Input für die Fertigung müssen nur die digitalen Produktdaten individualisiert werden. Vorstellbar sind hier ergonomische Anpassungen im medizinischen Bereich beispielsweise in der Prothetik genauso wie die Kennzeichnung von Produkten durch einen Namen, eine identifizierende Nummer oder einen maschinenlesbaren Code zur Rückverfolgbarkeit über den Produktlebenszyklus (Jahnke 2017, 2019).

Verkürzung der Produkteinführungszeit
Ergänzend zu den Vorteilen während der Produktentwicklung, können Additive Fertigungsverfahren durch die Flexibilität auch zur Verkürzung der Produkteinführungszeit am Markt beitragen. Eine Überbrückung der Vorlaufzeiten, die für die konventionelle Serienproduktion benötigt wird, wird durch den temporären Einsatz von Additiven Fertigungsverfahren möglich. Nach Abschluss der Produktentwicklung können additiv hergestellte Produkte solange angeboten und eingesetzt werden, bis Formen und Werkzeuge für die Serienproduktion bereitstehen (Jahnke 2017, 2019).

Konstruktive Freiheit
Das Fertigungsprinzip von 0-D über 1-D und 2-D zu 3-D erlaubt die Herstellung von hochkomplexen Bauteilen, die konventionell nur sehr aufwendig oder teils gar nicht herzustellen waren. Bauteile mit inneren Strukturen beispielsweise zur Einbettung von Sensorik können in Additiven Fertigungsverfahren produziert werden. Obwohl auch die Additiven Fertigungsverfahren mit Konstruktionsrichtlinien und -restriktionen daherkommen, gilt es von einer fertigungsgerechten Bauteilgestaltung hin zu einer funktionsorientierten Konstruktion umzudenken, um dieses Potenzial vollständig ausnutzen zu können. So lassen sich häufig mehrere Funktionen in einem Bauteil integrieren, die in konventioneller Denkweise in einer Baugruppe bestehend aus mehreren Einzelteilen umgesetzt würden (Jahnke 2017, 2019).

Gradiierte Materialien
Durch die Generierung des Materials von Grund auf von 0-D über 1-D und 2-D zur 3-D Geometrie, lassen sich die Materialeigenschaften sehr lokal einstellen und so zur funktionsorientierten Gestaltung beitragen. Basierend auf dem gleichem Ausgangsmaterial entstehen so gradiierte Materialien, die es beispielsweise erlauben, lokale Anpassungen in der Festigkeit oder Dichte des Werkstoffes eines Bauteils zu realisieren (Jahnke 2017, 2019).

Sicherheit gegen Produktpiraterie
Eine hundertprozentige Sicherheit gegen Produktpiraterie wird es sicherlich nicht geben können, jedoch lässt sich durch den Einsatz Additiver Fertigungsverfahren entgegen der öffentlichen Meinung die Sicherheit gegen Plagiate erhöhen. Es kommt nur auf die Perspektive an. Der Schutz der digitalen Produkt- und Produktionsdaten sollte einen noch höheren Stellenwert haben als in den konventionellen Fertigungsverfahren. Zweifelsfrei lässt sich aber auch in den konventionellen Verfahren ein Produkt imitieren, sofern alle digitalen

Daten zur Verfügung stehen. Die Studie des VDMA zeigt allerdings, dass die größte Bedrohung im Reverse Engineering, also dem (Re-)Generieren der digitalen Produkt- und Produktionsdaten eines physisch existierenden Bauteils liegt. Aus dieser Perspektive lassen sich durch die Nutzung der genannten Potenziale additiv zu fertigende Bauteile durchaus sicherer gestalten. Individualisierte Produkte bieten keinen ausreichenden Anreiz in Form eines Marktes, da jedes individuelle Produkt eigens Aufwand im Reverse Engineering erzeugt. Funktionsintegrierte und geometrisch hochkomplexe Bauteile erhöhen die Aufwände zur Generierung der digitalen Produktdaten und gradiierte Materialien, die zur Generierung der digitalen Produktionsdaten benötigt werden. Diese Potenziale müssen zur Erhöhung der Sicherheit allerdings bereits während der Produktentwicklung mit dem Ansatz „design for protection" berücksichtigt und ausgeschöpft werden (Jahnke 2017, 2019).

Die Entwicklung innovativer „additiver" Schutzmaßnahmen ist als kreativer Prozess zu verstehen. Dieser ist unter Berücksichtigung aller zu involvierender Akteure als schrittweises Vorgehen aufgestellt worden und zielt darauf ab, auf eine Verletzung geistigen Eigentums oder den Markteintritt von Imitationen eines Produktes reagieren zu können (siehe Abb. 3.11).

Wie in Abb. 3.11 dargestellt ist abhängig von der Art der Verletzung des geistigen Eigentums festzustellen, auf welche Art und Weise die Imitatoren die notwendigen Informationen beschafft haben. Da hier die Anwendung der Additiven Fertigungsverfahren im Vordergrund steht, liegt der Fokus nach der Kategorisierung nach KOKOSCHKA auf kennzeichnenden, produktbezogenen und strategisch prozessbezogenen Maßnahmen, da technisch nur in diesen Kategorien Einfluss zu nehmen ist (Kokoschka 2012). Weiterhin zeigen die Studien der vergangenen Jahre, durchgeführt vom VDMA, dass insbesondere Maßnahmen gegen das Reverse Engineering kaum verfügbar bzw. ausreichend entwickelt sind. Unter Berücksichtigung der zuvor dargestellten Potenziale der Additiven Fertigungsverfahren, des Stands der Technik und der Trendforschung werden in dem Entwicklungsprozess Kreativitätstechniken angewandt. In dem Prozess gilt es Vertreter aller für den Produktschutz relevanter Unternehmensbereiche zu involvieren, um entsprechendes Expertenwissen in die neuen Produktschutzmaßnahmen einfließen zu lassen. Ergebnisse des kreativen Entwicklungsprozesses werden als beschriebene Schutzmaßnahme in die Datenbank mit existenten Schutzmaßnahmen eingebracht, so dass bei zukünftigen Anwendungsfällen berücksichtigt werden können.

Der im Projekt durchgeführte „Ideation"-Prozess resultierte nach mehreren Iterationen in die nachfolgend aufgeführten Schutzmaßnahmen, die durch die Additiven Fertigungsverfahren einen Mehrwert erfahren oder überhaupt erst anwendbar werden. Zur strukturierten Auswahl der additiven Schutzmaßnahmen zur Anwendung auf Bauteilebene in der nachfolgenden Phase wurden die Maßnahmen mehrstufig in einem Maßnahmenkatalog nach *Jahnke* klassifiziert, der folgende Struktur aufweist (Jahnke 2019):

I. **Elementare Schutzpotenziale Additiver Fertigungsverfahren**
   a. *Werkzeuglose Fertigung*
   b. *Additiv geometrische Fertigung*

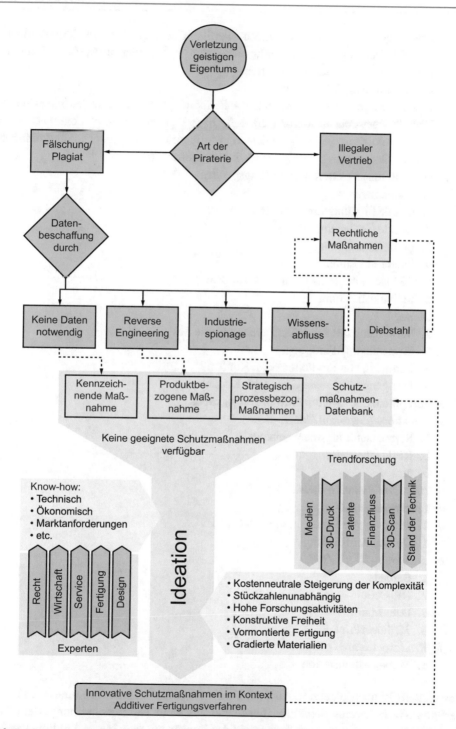

Abb. 3.11 Kreativer Entwicklungsprozess innovativer Schutzmaßnahmen

Das Fügen von „eindimensionalen" Partikeln erzeugt eine „zweidimensionale" Schicht. Das Fügen von „zweidimensionalen"∗ Schichten in Aufbaurichtung erzeugt dreidimensionale Geometrien.

c. *Additiv werkstoffliche Fertigung*

Das Fügen von „eindimensionalen"∗ Partikeln erzeugt eine „zweidimensionale" Schicht eines oder mehrerer Werkstoffe bzw. Werkstoffeigenschaften. Das Fügen von „zweidimensionalen"∗ Schichten in Aufbaurichtung erzeugt somit dreidimensionale Geometrien heterogener Werkstoffeigenschaften.

II. **Schutzpotenziale ersten Anwendungsgrades**

   a. *produktbezogen*
   1. Lokale Modifikation der Dichte
   2. Lokale Gefügeeinstellung
   3. Freiformgestaltung
   4. Innere Strukturen
   5. AM technologische Grenzen ausnutzen
   6. Individualisierung

   b. *strategisch*
   1. Verkürzung des Produktentstehungsprozesses
   2. Firmeninterne Fertigung
   3. Fertigung von Produkten beim Kunden
   4. Fertigung von Ersatzteilen beim Kunden

III. **Schutzpotenziale zweiten Anwendungsgrades**

   a. *Funktionsintegration (II.a.1.–4.)*
   1. Selbstzerstörungsmechanismus
   2. RFID Integration
   3. etc.

   b. *Blackbox-Bauweise (II.a.3./4.)*

   c. *Leichtbau (II.a.1.–4.)*

   d. *Vermeidung von Standardmaßen (II.a.3.)*
   1. De-Standardisierung

   e. *Codierung (II.a.1./2./4.)*
   1. Barcode
   2. QR-Code
   3. Data-Matrix
   4. 3D-fingerPrint

   f. *Produktvarianten (II.a.6.)*
   1. Mass-Customization

Beispielhaft ist nachfolgend in Abb. 3.12 eine Schutzmaßnahme im Kontext Additiver Fertigungsverfahren als Steckbrief bestehend aus einer Kurzbeschreibung, dem Einfluss Additiver Fertigungsverfahren sowie der Zuordnung von Schutzfunktionskategorie nach Kokoschka und der Schutzmaßnahmenanwendungskategorie nach *Neemann*

II. Schutzpotentiale ersten Anwendungsgrades

a. Produktbezogen

4. Innere Strukturen

Kurzbeschreibung

Die Schutzmaßnahme Innere Struktur kann sowohl eine produktbezogene als auch eine kennzeichnende Wirkung aufweisen. Sie stellt eine Sonderform der lokalen Dichtemodifikation dar und ist häufig die Basis für die Verwendung einer Black-Box-Schutzmaßnahme. So lassen sich mit Hilfe von inneren Strukturen Funktionselemente, Codes oder andere Strukturen im Inneren eines Produkts beziehungsweise Bauteils platzieren.

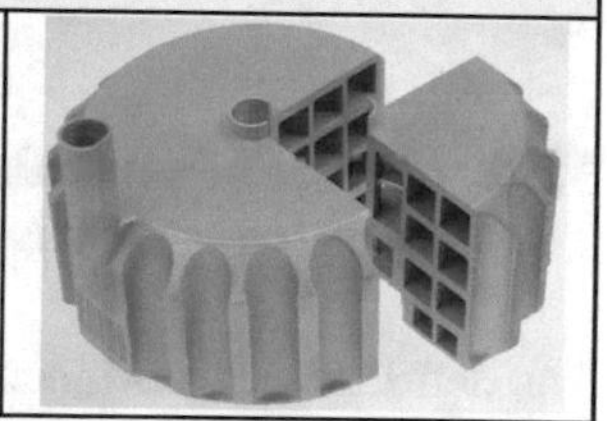

Einfluss durch Additive Manufacturing

Bei der Integration von inneren Strukturen in Bauteilen oder Produkten spielt die additive Fertigung durch ihre Schichtbauweise ihren Vorteil aus. So lassen sich nahezu alle Geometrien im Inneren der Bauteile verstecken und werden dabei nur durch die verwendeten Stützstrukturen oder Pulver eingeschränkt. So können im Einzelfall hinaus innere Strukturen im Sinne dreidimensionaler Fachwerke realisiert werden, die den Charakter von Konstruktionselementen haben [Geb13].

Eingeschränkt wird der Konstrukteur dabei nur durch die eventuell anfallenden Stützstrukturen und das Supportmaterial. Daher sollte der Konstrukteur entweder so konstruieren, dass Supportmaterial nicht benötigt wird oder ausreichend Raum für die Entfernung des Suportmaterials vorsehen ist.

Einfluss durch Additive Manufacturing

☒ Produktbezogene Maßnahme	☐ Prozessbezogene Maßnahme
☒ Kennzeichnende Maßnahme	☐ Juristische Maßnahme
☐ Strategische Maßnahme	☐ Informationstechnische Maßnahme
	☐ Kommunikative Maßnahme

Verträglichkeitsmatrix

Bewertungsmaßstab
+ : gut
o : neutral
- : schlecht

	Lokale Modifikation der Dichte	Lokale Gefügeeinstellung	Freiformgestaltung	Innere Struktur	AM techn. Grenzen ausnutzen	Individualisierung	Funktionsintegration	Black-Box-Bauweise	Leichtbau	Vermeidung Standardmaßen	Codierung	Produktvarianten	Verkürzung des PEP	Firmeninterne Fertigung	Fertigung beim Kunden	Selbstzerstörungsmechanismus
Innere Struktur	+	o	+	/	+	o	+	+	+	o	+	o	o	o	o	+

Schutzmaßnahmenanwendungskategorie

Senkung der Imitationsattraktivität ⟩ Erschwerung der Know-how-Akquise ⟩ Erschwerung der Reproduktion ⟩ Erschwerung der Vermarktung ⟩ Angebot zur Kooperation ⟩ Anwendung der Produkthaftung

Abb. 3.12 Auszug aus dem Katalog „additiver" Schutzmaßnahmen: Innere Struktur

dargestellt (Jahnke 2019). Weiterhin fördert eine Verträglichkeitsmatrix die Bildung eines Schutzmaßnahmenbündels durch die Bewertung der Verträglichkeit zu den übrigen Maßnahmen.

3.3.3 Vorgehensmodell zur Umsetzung von Schutzmaßnahmen im Kontext Additiver Fertigungsverfahren

Aus den Erfahrungen innerhalb der Industriekooperationen zum Schutz von Produkten aus unterschiedlichen Branchen lässt sich eine übertragbar anwendbare Methodik ableiten. Bestehend aus fünf einzelnen Phasen zielt die Methodik anfangs auf die Auswahl eines geeigneten schützenwerten Bauteils für die Additiven Fertigung ab. So ist das Ziel, mit dem Schutz einer einzelnen Komponente den Schutz eines ganzen Produktes zu erwirken (Jahnke 2019). Die fünf Phasen sind in der nachfolgend in Abb. 3.13 dargestellt:

Präzisieren des Anwendungsbereichs
Diese Phase bildet die Basis für die folgenden Aktivitäten zur Umsetzung des Produktschutzes im Kontext der Additiven Fertigung. Das Ziel in dieser Phase besteht darin, eine Systemanalyse

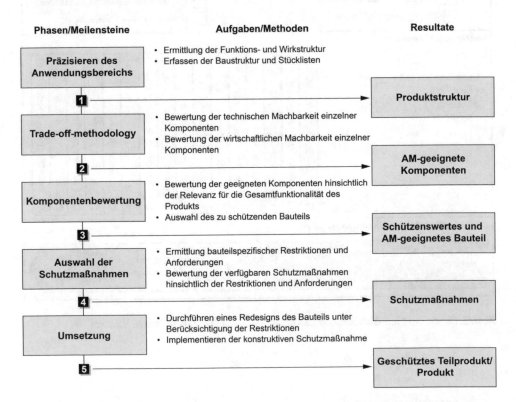

Abb. 3.13 Fünf Phasen zum erfolgreichen Produktschutz durch Additive Fertigungsverfahren

durchzuführen, so dass die Funktions- und Wirkstruktur sowie die Baustruktur und Stücklisten für die weiteren Phasen zur Verfügung stehen. Für existente Produkte, die im Nachgang mit Schutzmaßnahmen aufzuwerten sind, existieren diese Dokumente üblicherweise. Für Neu- bzw. Variantenentwicklungen werden diese in den entsprechenden Phasen im Produktentwick- lungsprozess in Anlehnung an die VDI2221 (Ermitteln der Funktionen und deren Struktur, Suchen nach Lösungsprinzipien, Gliedern in realisierbare Module etc.) entstehen. Hier besteht der Vorteil darin, dass die Strukturen noch nicht derart fixiert sind, so dass Produktschutzmaß- nahmen flexibler und präventiv sind (Jahnke 2017).

Trade-off-methodology

Die Trade-off-methodology dient der Auswahl von additiv fertigbaren Modulen und Kom- ponenten, aus denen das Produkt, sofern es als Baugruppe konzipiert ist, besteht. Andern- falls ist mit dem Produkt selbst fortzufahren. Diese werden nach definierten Kriterien, die auf die technische Fertigbarkeit als auch die Wirtschaftlichkeit der Additiven Fertigung für die jeweiligen Produkte, Module und Komponenten abzielen, bewertet. Hierzu werden le- diglich grobe Informationen der Produkte, Module oder Komponenten benötigt: Anvisierte Stückzahlen, Maße, Materialanforderungen etc. Sofern hier kein Kriterium zu einem „Knock-Out" führt, erlauben weitere Kriterien eine detaillierte Bewertung, beispielsweise ob sich Komponenten verknüpfen lassen, wie viele Schnittstellen zu anderen Komponenten existieren etc. Fragebögen und Anleitungen unterstützen den Anwender in dieser Phase. Das Ergebnis dieses Trade-offs ist eine Priorisierung aller betrachteter Produkte, Module und Komponenten, so dass für die weiteren Phasen nur noch additiv fertigbare Produkte, Module oder Komponenten betrachtet werden. Die Trade-off-methodology sowie die un- terstützenden Dokumente wurden in einem von der European Space Agency beauftragten Projekt[2] entwickelt und validiert (Lindemann et al. 2015; Jahnke 2017).

Komponentenbewertung: Beitrag zur Produkt-Funktionalität

Die Komponentenbewertung zielt darauf ab, die zuvor ermittelten additiv fertigbaren Bau- teile weiter zu reduzieren. Dazu gilt es den Beitrag der einzelnen Komponenten zur Ge- samtfunktionalität des Produktes zu bewerten. Häufig ist ein Schutz des gesamten Produk- tes dadurch zu erreichen, dass ein wichtiges Funktionselement gegen Produktpiraterie geschützt wird, ähnlich wie ein Schloss das Öffnen einer Tür verhindert und so ein ganzes Gebäude gegen unbefugtes Betreten schützt (Jahnke 2017).

Auswahl der Schutzmaßnahme(n)/Schutzkonzeption

Die Auswahl der Schutzmaßnahmen bzw. die Zusammenstellung eines Maßnahmen- bündels im Sinne einer Schutzkonzeption ist stark anwendungsabhängig. Die im Schutz- maßnahmenkatalog aufbereiteten Steckbriefe sind unter Berücksichtigung von spezifi- schen Restriktionen und der Verträglichkeitsmatrix auszuwählen. Die spezifischen

---

[2] Direct Manufacturing of Elements for Next Generation Platform, funded by ESA under Artes 5.1 Contract No. 4000107892.

Ausprägungen der Restriktionen sind jedoch wiederum anwendungsabhängig. Beispielsweise benötigt eine individuelle Bauteilkennzeichnung eine gewisse Fläche auf dem Bauteil, die zur Kennzeichnung zur Verfügung steht. Die Größe dieser Fläche ist jedoch abhängig von Ziel und der Ausprägung der Kennzeichnung. Eine im Klartext lesbare Seriennummer hat einen anderen Platzbedarf als ein maschinenlesbarer Datamatrix Code. Steht dieser Platzbedarf nicht zur Verfügung, ist die Maßnahme entsprechend nicht anwendbar (Jahnke 2017).

Umsetzung und Wissensmanagement
Die Aktivitäten in dieser letzten Phase zur Umsetzung des Produktschutzes mit Hilfe Additiver Fertigungsverfahren sowie zur Explizierung der Erfahrungen im Sinne des Wissensmanagements sind sehr stark anwendungsabhängig. Sowohl die schützenswerte Komponente selbst als auch die zuvor ausgewählte(n) Schutzmaßnahme(n) lenken die praktische Umsetzung und stellen die Anforderungen an die Entwickler. Für ein neu zu entwickelndes Produkt werden im Rahmen der Entwicklung nach *Pahl/Beitz* die Schritte bis zur Ausarbeitung durchgeführt. Sie bauen auf den in den vorherigen Phasen durchgeführten strukturellen Festlegungen auf. Eine Komponente oder ein Modul wird durch die additive(n) Maßnahme(n) konstruktiv geschützt und in das Endprodukt integriert, so dass auch dieses geschützt wird. Für ein bereits existentes Produkt sind auch bereits Konstruktionsdaten verfügbar, auf denen im Sinne eines Redesigns aufgebaut werden kann. Einzuordnen im Entwicklungsprozess nach *Pahl/Beitz* sind diese Aktivitäten dann zwar ebenfalls in den letzten Phasen, jedoch mit deutlich mehr unterstützenden verfügbaren Daten. Diese Art der reaktiven Implementierung von Schutzmaßnahmen ist deutlich weniger flexibel, da umliegende Komponenten und Module bereits entwickelt sind und somit Schnittstellen klar definiert sind. Zur wirtschaftlichen Umsetzung einer Schutzwirkung durch ein Redesign ist somit der Fokus klar auf die ausgewählte Komponente mit allen bereits definierten Anforderungen und Schnittstellen zu legen, so dass keine weiteren Anpassungskonstruktionen anfallen. Ein beispielhafter Use Case wird im Folgenden dargestellt.

Anwendungsbeispiel Helectronics: Drehkarussel eine Probenahme-Anlage
Das in Abb. 3.14 dargestellte Drehkarussell der Firma Helectronics dient als Probenhalter einer automatisierten Probenahme-Anlage für biochemische Anwendungen, in diesem Fall zur Prüfung der Sättigung einer flüssigen Lösung. Der Halter kann 20 Probengläser fassen, sodass Proben kontinuierlich ohne menschliches Eingreifen „gezogen" werden können. Um eine aussägekräftige und repräsentative Probe zu erhalten, gilt es, den zuführenden Schlauch vor Abfüllung in ein Probeglas vom Rest der vorhergehenden Probe zu entleeren, so dass eine zeitliche Zuordnung zum Inhalt des Probeglases möglich wird. In der konventionellen Gestaltung als Baugruppe bestand das Drehkarussell aus sechs einzelnen Bauteilen, die durch zusätzliche Verbindungselemente montiert wurden. Ein Tank zur Entleerung der sich im Schlauch befindenden Reste wurde als weiteres Bauteil zugekauft und mit dem Drehkarussell lose verbunden. Die Integration von Kennzeichnungen zur Rückverfolgbarkeit und gegenseitigen Authentifizierung von Drehkarussell mit der

Konventionelle Gestaltung als Baugruppe

AM Gestaltung nach dem Ansatz
„design for protection"

Abb. 3.14 Konventionelle und AM Gestaltung des Drehkarussels einer Probenahme-Anlage

Probenahme-Anlage war im initialen Design nicht gegeben. So zielte die Entwicklung eines optimierten Designs für die Additiven Fertigungsverfahren auf die Vermeidung dieser Schwachstellen und die Integration weiterer Funktionselemente ab (Jahnke und Büsching 2015; Jahnke 2017, 2019).

Fertigungsverfahren:	Selektives Laserschmelzen (SLM[a])
Material:	AlSi10Mg
Stückzahl:	abhängig von der Nachfrage als Kleinserie angestrebt: 100+/Jahr

[a]Selective Laser Melting – Eingetragene Marke der SLM Solution GmbH

Werkzeuglose Fertigung: In diesem Anwendungsfall ist eine werkzeuglose Fertigung gegeben. Eine Nachbearbeitung ist nur zur Entfernung der im SLM Verfahren notwendigen Stützstrukturen notwendig (Jahnke 2017, 2019).

Flexible Produktion: Während des Entwicklungsprozesses waren sechs Iterationen notwendig, um zum finalen Design zu gelangen. Dadurch, dass jeweils nur die digitalen Produktdaten im 3-D-CAD System zu ändern waren, konnten diese Iterationen in wenigen Wochen durchlaufen werden. Für die Nutzungsphase dieses Bauteils wird dieses Potenzial zur Bereitstellung von Ersatzteilen nach Bedarf relevant. So lassen sich die Kapitalbindung und Lagerhaltung reduzieren. Sollte während der Nutzung auf Kundenwunsch oder aufgrund äußerer Einflüsse eine Veränderung in der Geometrie notwendig werden, lässt sich das Drehkarussell im Sinne der flexiblen Produktion schnell anpassen und in der neuen Geometrie fertigen. Ein äußerer Einfluss kann hier z. B. durch die eingeschränkte Verfügbarkeit oder Veränderung von Zukaufartikeln wie den Probegläsern entstehen, so dass auf alternative Produkte mit abweichenden Maßen auszuweichen ist (Jahnke 2017, 2019).

Konstruktive Freiheit: Die Ausschöpfung der konstruktiven Möglichkeit, auch unter Berücksichtigung des „**design for protection**" Ansatzes (siehe unten: Sicherheit gegen Produktpiraterie), erlaubte die Integration verschiedener Funktionselemente in dem Drehkarussell. Die Integration des Tanks zur Entleerung der Probenreste konnte unter Berücksichtigung einer weiteren Anforderung als Rohrleitung ausgelegt werden: Die nachhaltige Wiederverwendbarkeit des Drehkarussells erfordert eine regelmäßige Säuberung möglicher Probenrückstände, insbesondere im Tank. Eine einfache und gründliche Spülung wird durch eine Rohrleitung mit geringem und abgerundetem Querschnitt begünstigt (Jahnke 2017, 2019).

Individualisierung: Jedes Drehkarussell wird durch eine individuelle Kennzeichnung während des Produktionsprozesses direkt markiert. So ist eine **Rückverfolgbarkeit** über den Produktlebenszyklus möglich genauso wie eine gegenseitige **Authentifizierung** mit der Probenahme-Anlage. Diese verfügt über ein Lesegerät, das die Validität der Kennzeichnung eines Drehkarussells prüft, bevor die Anlage den Betrieb aufnimmt (Jahnke 2017, 2019).

Sicherheit gegen Produktpiraterie: Die **Sicherheit gegen Produktpiraterie** wird in diesem Praxisbeispiel sowohl präventiv als auch reaktiv erhöht. Ein präventiver Schutz ist durch die beschriebene gegenseitige Authentifizierung von Drehkarussell und Probenahme-Anlage sowie durch den Gestaltungsansatz „design for protection" gegeben. Die Gestaltung des Drehkarussells ist so ausgelegt, dass das Reverse-Engineering eines physisch vorliegenden Drehkarussells stark erschwert wurde. Per 3-D Scanner ist die Geometrie auf Grund der vielen Hinterschneidungen[3] und inneren Strukturen nicht zu digitalisieren und eine manuelle Messung und Rekonstruktion ist auf Grund der Vielzahl und der schlechten Zugänglichkeit der benötigten Maße kaum möglich. Zerstörungsfrei ist ein Reverse-Engineering der Produktdaten nur approximierend durch den Einsatz eines CT-Scans möglich. Die Produktionsdaten in Form von Orientierung und Material/Maschine/Parameter Kombination stellen eine weitere Hürde dar. Reaktiv ist ein Schutz beispielsweise zum **Ausschluss von Haftungsansprüchen durch die Kennzeichnung** gegeben, die ebenfalls zur Rückverfolgbarkeit genutzt werden kann (Jahnke 2017, 2019).

Angewandte „additive Maßnahmen" nach Nummerierung im Maßnahmenkatalog:

- *Bar-Code (III.e.1.):* Markierung des Bauteils zur Rückverfolgbarkeit und Originalitätsprüfung
- *Vermeidung von Standardmaßen und De-Standardisierung (III.d.1.)*
  Funktionsintegration (III.a.): Integration eines Volumentanks als Rohrleitung mit Zugänglichkeit, wie es den Anforderungen der Anwendung entspricht
- *Black-Box-Bauweise (III.b.):* Die funktionsintegrierte Rohrleitung als spezielle Ausprägung eines Volumentanks ist äußerlich nicht sichtbar, stellt aber den funktionalen Kern des Bauteils dar.
- *Werkzeuglose Fertigung (I.a.)*

---

[3] Hinterschneidungen sind in traditionellen, besonders in urformenden Fertigungsverfahren wie dem Gießen, zu vermeiden, da sie die Werkzeugkosten massiv in die Höhe treiben oder sogar die Fertigbarkeit einschränken. Sie bezeichnen Formelemente, die durch ihre Ausprägung quer zur Entformungsrichtung die Entformung des Formteils beeinträchtigen.

Abb. 3.15 Demonstrator
einer ganzheitlichen additiven
Schutzkonzeption

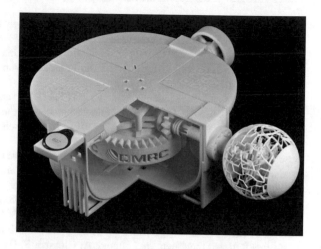

Abschließend ist in Abb. 3.15 eine ganzheitliche „additive" Schutzkonzeption unter
Ausnutzung der Potenziale Additiver Fertigungsverfahren dargestellt. Dieser Demonstrator dient dem Wissenstransfer und der Anregung der Designer in der Produktentwicklung.

Literatur

AIS – Fraunhofer Institute for applied and integrated security (2015): PEP – Protecting Electronic Products. Unter: http://www.aisec.fraunhofer.de/de/fields-of-expertise/product-protection/
pep-protecting-electronic-products.html, am 5. März 2018

Bossert, O.; Richter, W.; Weinberg, A. (2015): Protecting the enterprise with cybersecure IT archi-
tecture. McKinsey & Company, New York

BSI – Bundesamt für Sicherheit in der Informationstechnik (Hrsg.) (2014): Die Lage der IT Sicherheit in Deutschland 2014

Campbell, T.A.; Cass, W.J. (2013): 3-D Printing Will be a Counterfeiter's Best Friend. Scientific
American. Unter: https://www.scientificamerican.com/article/3-d-printing-will-be-a-counterfei-
ters-best-friend/, am 6. Juni 2019

Dragon, R.; Ostermann, J.; Denkena, B.; Breidenstein, B.; Mörke, T. (2010): Data Storage in Gen-
telligent Components: A New Way for Self-Authentication. 33rd Annual German Conference
on Artificial Intelligence, Self-X in Engineering: 2nd Workshop on „Self-X in Engineering",
Karlsruhe, S. 1–13

Dubbel, H. (1997): Dubbel – Taschenbuch für den Maschinenbau. Springer Verlag, Heidelberg,
1997

Eckelt, D.; Gausemeier, J. (2015): Vorsprung durch strategisches IP-Management – Geistiges Eigentum kennen, schützen und nutzen. In: Hoock, C.; Milde, S. (Hrsg.): IP: Kooperation, Wettbewerb, Konfrontation – PATINFO Proceedings. Band 37, 10.–12. Juni, Ilmenau, S. 43–63

Eckelt, D.; Altemeier, K.; Kliewe, D. (2014): Präventiver Produktschutz – Ein Verfahren zur ganzheitlichen Schutzkonzeption. In: Industrie Management, 1/2014, Gito Verlag, Berlin, S. 55–58

Fleischer, B.; Theumert, H. (2009): Entwickeln Konstruieren Berechnen – Komplexe praxisnahe
Beispiele mit Lösungsvarianten. Vieweg+Teubner Verlag, Wiesbaden, 2. Auflage

Gartner, Inc (2015): Gartner's 2015 Hype Cycle for Emerging Technologies. Unter: http://www. gartner.com/newsroom/id/3114217, am 5. März 2018

Gausemeier, J.; Plass, C. (2014): Zukunftsorientierte Unternehmensgestaltung – Strategien, Geschäfts-prozesse und IT-Systeme für die Produktion von morgen. Carl Hanser Verlag, München, 2. Auflage

Gausemeier, J.; Glatz, R.; Lindemann, U. (Hrsg.) (2012): Präventiver Produktschutz – Leitfaden und Anwendungsbeispiele. Carl Hanser Verlag, München

Gausemeier, J.; Trächtler, A.; Schäfer, W. (2014): Semantische Technologien im Entwurf mechatronischer Systeme. Hanser Verlag, München

Gesellensetter, C. (2014): Das Rechtsproblem mit dem 3D-Drucker. Handelsblatt. Unter: https:// www.handelsblatt.com/technik/das-technologie-update/energie/neue-eu-regeln-das-rechtsproblem-mit-dem-3d-drucker/9855484.html, am 6. Juni 2019

Gibson, I.; Rosen, D.W.; Stucker, B. (2010): Additive Manufacturing Technologies – Rapid Prototyping to Direct Digital Manufacturing. Springer, Boston, MA

Jahnke, U. (2017): Fälschungssichere Produktion: Kennzeichnung zur Rückverfolgbarkeit von additiv gefertigten Bauteilen. In: Leupold, A; Glossner S. (Hrsg.): 3D Printing: Recht, Wirtschaft und Technik des industriellen 3d-Drucks. C.H.Beck, 2017

Jahnke, U. (2019): Systematik zum präventiven Schutz vor Produktpiraterie durch AM. Dissertation, Universität Paderborn, Forschungsberichte des Direct Manufacturing Research Center, Band 13, Paderborn.

Jahnke, U.; Büsching, J. (2015): Gefahr für das geistige Eigentum? Additive Fertigungsverfahren ermöglichen innovativen technischen Produktschutz. ke-NEXT, Verlag Moderne Industrie GmbH, Augsburg

Jahnke, U.; Wigge, F. (2014): Potenzial additiver Fertigungsverfahren zur Prävention gegen Produktpiraterie. CNC-Arena eMagazine, 3/2014, Düsseldorf, S. 12–13

Kliewe, D. (2017): Entwurfssystematik für den präventiven Schutz Intelligenter Technischer Systeme vor Produktpiraterie. Dissertation, Fakultät Maschinenbau, Universität Paderborn, HNI-Verlags-schriftenreihe, Band 365, Paderborn

Kokoschka, M. (2012): Kategorisierung von Schutzmaßnahmen. In: Gausemeier, J.; Glatz, R.; Lindemann, U. (Hrsg.): Präventiver Produktschutz – Leitfaden und Anwendungsbeispiele. Carl Hanser Verlag, München

Kokoschka, M. (2013): Verfahren zur Konzipierung imitationsgeschützter Produkte und Produktions-systeme. Dissertation, Fakultät Maschinenbau, Universität Paderborn, HNI-Verlagsschriftenreihe, Band 313, Paderborn

Krautz, V. (2015): Beta Layout erhält europäisches Patent für RFID-Einbettverfahren. Produktion von Leiterplatten und Systemen (PLUS), Eugen G. Leuze Verlag, Bad Saulgau, S. 1920

Lindemann, U.; Meiwald, T.; Petermann, M.; Schenkel, S. (2012): Know-how-Schutz im Wettbewerb – Gegen Produktpiraterie und unerwünschten Wissenstransfer. Springer, Heidelberg

Lindemann, C.; Reiher, T.; Jahnke, U.; Koch, R. (2015): Towards a sustainable and economic selection of part candidates for additive manufacturing. Rapid Prototyping Journal, 21/2015, S. 216–227

Neemann, C. W. (2007): Methodik zum Schutz gegen Produktimitationen, Dissertation, Fraunhofer-Institut für Produktionstechnologie IPT, Aachen, Shaker Verlag, Band 13/2007, Aachen

Nieß, V. (2014): Das Rechtsproblem mit dem 3D-Drucker. Unter: https://www.handelsblatt.com/ technik/das-technologie-update/energie/neue-eu-regeln-das-rechtsproblem-mit-dem-3d-drucker/9855484.html, am 5. März 2018

Pfromm, H.; Graser, F. (2010): Die Leiterplatte von morgen trägt ihre Identität immer bei sich. Unter: http://www.elektronikpraxis.vogel.de/leiterplattenfertigung/articles/403018/, am 5. März 2018

Schuh, G.; Klappert, S.; Schubert, J.; Nollau, S. (2011): Grundlagen zum Technologiemanagement. In: Schuh, G.; Klappert, S. (Hrsg.): Technologiemanagement – Handbuch Produktion und Management 2, Springer, Berlin

Sehrt, J.T. (2010): Möglichkeiten und Grenzen bei der generativen Herstellung metallischer Bauteile durch das Strahlschmelzverfahren. Dissertation, Shaker, Aachen

Sezer, S.; Scott-Hayward, S.; Chouhan, P. K.; Fraser, B.; Lake, D.; Finnegan, J.; Viljoen, N.; Miller, M.; Rao, N. (2013): Are We Ready for SDN? Implementation Challenges for Software-Defined Networks. IEEE Communications Magazine, Vol. 51, Issue 7, Boston, S. 36–43

VDMA (2013): Studie Status Quo der Security in Produktion und Automation 2013/14, Frankfurt am Main

VDMA – Arbeitsgemeinschaft Produkt- und Know-how-Schutz (2016a): VDMA Studie Produktpiraterie. Unter: http://www.vdma.org/documents/105969/1437332/VDMA%20Studie%20Produktpiraterie%202016/d519cd4e-ca05-4910-b2cf-502a11f360db, am 10. Januar 2018

VDMA – Weltmaschinenumsatz 2015 (2016b): Neues Rekordniveau erreicht. Unter: https://www.vdma.org/article/-/articleview/12872416, am 10. Januar 2018

Zwicky, F. (1989): Morphologische Forschung – Wesen und Wandel materieller und geistiger struktureller Zusammenhänge. Baeschlin, Glarus, 2. Auflage

Resümee und Ausblick

4

Daniel Steffen

Der Schutz von Innovationen ist und bleibt ein dauerhaft aktuelles Thema – sowohl in Hinblick auf unfaire Plagiatoren, die das Knowhow und die Entwicklungsleistung von Unternehmen stehlen, als auch auf Wettbewerber, vor denen man den Kniff im Produkt so gut wie möglich verstecken will. Die Arbeiten im Rahmen des Projektes 3P im Spitzencluster it's OWL und die begleitenden Praxisprojekte bringen folgende Erkenntnisse.

Problembewusstsein ist die Voraussetzung.

Im täglichen Leben weiß man: der Wert einer Versicherung ist erst erkennbar, wenn der Schaden eintritt. Ganz ähnlich verhält es sich hier. Fehlt das Bewusstsein für Produktschutz, also der Existenz einer konkreten Bedrohung, unternehmen die Firmen oftmals nichts oder nur halbherzige Maßnahmen. Größere Firmen mit einer „Marke" sind sich des Risikos stärker bewusst, im Visier von Kopierern zu stehen. Sie agieren aktiver.

Aufwand-Nutzen-Optimierung von Produktschutzmaßnahmen ist der falsche Ansatz.

Die Frage nach dem richtigen Verhältnis von Aufwand und Nutzen möglicher Schutzmaßnahmen lässt sich nicht beantworten. Wie groß wäre ein Schaden? Was müsste man tun um ihn zu verhindern? Wäre ein eingetretener Schaden wirklich zu verhindern gewesen? Retrospektive Betrachtungen helfen nicht. Unternehmen müssen stattdessen aufmerksam

D. Steffen (✉)
UNITY AG, Büren, Deutschland
E-Mail: daniel.steffen@unity.de

© Springer-Verlag GmbH Deutschland, ein Teil von Springer Nature 2020
C. Plass (Hrsg.), *Prävention gegen Produktpiraterie*, Intelligente Technische
Systeme – Lösungen aus dem Spitzencluster it's OWL,
https://doi.org/10.1007/978-3-662-58016-5_4

ihre Bedrohungslage analysieren, in der Folge die Optionen prüfen, Alternativen verglei-
chen und fundiert entscheiden. Je besser die gewählte Schutzkonzeption, desto geringer ist
Wahrscheinlichkeit, dass es zum Schaden kommt.

Erprobte Systematik hilft.
Für die meisten Unternehmen ist die Annäherung an das Thema neu. Insofern helfen Stan-
dardisierte Methoden dabei, nichts zu vergessen, schrittweise vorzugehen und dabei alle
relevanten Stakeholder im Unternehmen zu involvieren. Die in 3P entwickelten und genutzten sind bewährt und zugänglich.

Intelligente technische Systeme erfordern intelligente Schutzmaßnahmen.
Es geht heute nicht mehr nur um den Schutz von nachgebauten mechanischen Bauteilen.
Auch Software und Elektronik geraten in den Fokus. Die Kommunikationsfähigkeit von
Intelligenten Technischen Systemen eröffnen neue Angriffspunkte, für die neue Schutz-
maßnahmen entstehen und in die in das Design-Knowhow einer Entwicklung aufgenom-
men werden müssen. Aber auch für die mechanischen Komponenten bringen die digitalen
Technologien wie Additive Fertigung neue Chancen, durch angepasstes Design und komplexe oder individualisierte Bauteilgeometrien die Hürden für Plagiatoren zu erhöhen.

Umsetzung erfordert Management-Support auf oberster Ebene.
Produktschutz lässt sich nicht lokal erledigen – also in der Entwicklung mit der Gestaltung der
Bauteile. Die Maßnahmen haben fast immer Auswirkungen auf andere Bereiche – Fertigung,
After Sales, Marketing. Insofern umfasst die Gestaltung eines Produktschutzkonzeptes den
Abgleich der unterschiedlichen Fachbereichssichten und Vorstellungen. Dabei gilt es gilt es
auch für Veränderungen zu werben und Widerstände zu überwinden. Die meisten Konflikte
sind nur durch den entsprechenden Überblick und den Sinn für das Gesamtoptimum zu lösen.

In den Industrieprojekten der letzten Jahre hat sich gezeigt, dass es in der Breite an
Problembewusstsein mangelt. Für manche ist die Bedrohung nicht greifbar – aber gegen
Elementarschäden ist man ja auch versichert. Mehr Beschäftigung mit dem Thema wäre
in jedem Fall sehr hilfreich. Die Effekte der Schutzbedarfsanalyse sind oft überraschend:
da fallen auch Aspekte des Geschäfts auf, die sich besser organisieren lassen oder anders
gestalten lassen, die aber wenig mit Produktschutz zu tun haben.

Der Management Support auf oberer Ebene ist aus unserer Erfahrung nicht das Problem.
Meistens hakt es darunter, wenn Abteilungsziele und Zuständigkeitsfragen dominieren.

Was ist in den nächsten Jahren zu erwarten?
Die Treiber der Entwicklung sind die weitere Digitalisierung und Vernetzung von Produkten, aber auch Leistungserbringungsprozesse und Wertschöpfungsnetzen. Die Leistungen werden kurzlebiger, einzelne Bausteine schneller durch bessere Lösungen ersetzbar.
Diese Entwicklung wird innovativen Unternehmen entgegenkommen. Schnelle Innovationen setzt sich durch.

Andererseits verschärfen Aspekte wie Safety und Security der Produkte das Risiko für Unternehmen. Produkte sind über das Bedrohungsszenario Plagiat hinaus zu schützen – gegen Sabotage, unfaire Wettbewerber und kriminelle Erpressungen. Solche Versuche sieht man bisher nur singulär, die zunehmende Relevanz für vernetzte Produkte ist aber sicher keine Utopie. Die Einfallstore sind vorhanden, es gilt sie sicher zu machen.

Unternehmen, die das erkannt haben, fokussieren sich auf solche Expertise in der Entwicklung: also die Integration von entsprechendem Knowhow in der Gestaltung von Produkten, um sie besser und sicherer zu machen. Zum Beispiel durch Expertenteams für Cyber-Security, die Geschäftsmodelle und Produkte challengen und deren Schwachstellen identifizieren, noch bevor der Angreifer eine Chance dazu hat.

Produktschutz wird uns dauerhaft als Herausforderung begleiten. Produkte und Services ändern sich, die Angriffspunkte auch. Aber ganz sicher ist: Es wird Angreifer geben, und letztlich kann den Schutz nur das Unternehmen selbst bieten, in dem es Bedrohungen erkennt und zum frühen Zeitpunkt handelt, nämlich so lange an Konzepten gearbeitet wird und keine fertigen Produkte im Markt sind. Das beste Kosten-Nutzen-Verhältnis von Produktschutzmaßnahmen ist nur hier zu erreichen, solange noch alle Optionen auf dem Tisch liegen.

Printed in the United States
By Bookmasters